MIEHUO JIUYUANYUAN

# 灭火救援员

## 五级


主　任　赵子新

副主任　郭大德　周建中　饶国庆　朱志祥

委　员　朱建伟　杨　波　李　庆　冯　杰　赵锦祯　胡有为
陈祥泰　祁　闻　孙玉平　陈建槐　黄晓玮　俞君峰

主　编　朱建伟

副主编　李　庆

主　审　饶国庆

中国劳动社会保障出版社

**图书在版编目(CIP)数据**

灭火救援员：五级/人力资源和社会保障部教材办公室，上海市职业技能鉴定中心，上海市消防局等组织编写. —北京：中国劳动社会保障出版社，2013

1+X职业技术·职业资格培训教材

ISBN 978-7-5167-0811-8

Ⅰ.①灭…  Ⅱ.①人…②上…③上…  Ⅲ.①灭火-技术培训-教材  Ⅳ.①TU998.1

中国版本图书馆CIP数据核字(2013)第285356号

**中国劳动社会保障出版社出版发行**

(北京市惠新东街1号  邮政编码:100029)

*

北京市白帆印务有限公司印刷装订  新华书店经销

787毫米×1092毫米  16开本  15.75印张  315千字

2014年2月第1版  2021年9月第4次印刷

**定价: 38.00元**

读者服务部电话:(010)64929211/84209101/64921644

营销中心电话:(010)64962347

出版社网址: http://www.class.com.cn

# 内容简介

本教材由人力资源和社会保障部教材办公室、中国就业培训技术指导中心上海分中心、上海市职业技能鉴定中心、上海市消防局依据上海1+X灭火救援员（五级）职业技能鉴定细目组织编写。教材从强化培养操作技能，掌握实用技术的角度出发，较好地体现了当前最新的实用知识与操作技术，对于提高从业人员基本素质，掌握灭火救援员核心知识与技能有直接的帮助和指导作用。

本教材在编写中根据本职业的工作特点，以能力培养为根本出发点，采用模块化的编写方式。全书共分为四篇，内容包括：专业理论、技能操作、考核鉴定、理论知识模拟试题。其中第一篇专业理论中，第1章由杨波、赵锦祯、朱建伟编写，第2章由冯杰、胡有为、陈建槐编写，第3章由李庆、陈祥泰、黄晓玮编写；第二篇技能操作第一、第二考位由胡有为编写，第三考位由赵锦祯编写，第四、第五考位由冯杰编写，第六考位由陈祥泰编写；第三篇考核鉴定和第四篇理论知识模拟试卷由朱建伟、杨波、李庆、冯杰、赵锦祯、胡有为、陈祥泰编写。

本教材可作为灭火救援员（五级）职业技能培训与鉴定考核教材，也可供全国中、高等职业技术院校相关专业师生参考使用，以及本职业从业人员培训使用。

# 前　言

职业培训制度的积极推进，尤其是职业资格证书制度的推行，为广大劳动者系统地学习相关职业的知识和技能，提高就业能力、工作能力和职业转换能力提供了可能，同时也为企业选择适应生产需要的合格劳动者提供了依据。

随着我国科学技术的飞速发展和产业结构的不断调整，各种新兴职业应运而生，传统职业中也愈来愈多、愈来愈快地融进了各种新知识、新技术和新工艺。因此，加快培养合格的、适应现代化建设要求的高技能人才就显得尤为迫切。近年来，上海市在加快高技能人才建设方面进行了有益的探索，积累了丰富而宝贵的经验。为优化人力资源结构，加快高技能人才队伍建设，上海市人力资源和社会保障局在提升职业标准、完善技能鉴定方面做了积极的探索和尝试，推出了1+X培训与鉴定模式。1+X中的1代表国家职业标准，X是为适应经济发展的需要，对职业的部分知识和技能要求进行的扩充和更新。随着经济发展和技术进步，X将不断被赋予新的内涵，不断得到深化和提升。

上海市1+X培训与鉴定模式，得到了国家人力资源和社会保障部的支持和肯定。为配合1+X培训与鉴定的需要，人力资源和社会保障部教材办公室、中国就业培训技术指导中心上海分中心、上海市职业技能鉴定中心、上海市消防局联合组织有关方面的专家、技术人员共同编写了职业技术·职业资格培训系列教材。

职业技术·职业资格培训教材严格按照1+X鉴定考核细目进行编写，教材内容充分反映了当前从事职业活动所需要的核心知识与技能，较好地体现了适用性、先进性与前瞻性。聘请编写1+X鉴定考核细目的专家，以及相关行业的专家参与教材的编审工作，保证了教材内容的科学性及与鉴定考核细目以及题库的紧密衔接。

职业技术·职业资格培训教材突出了适应职业技能培训的特色，使读者通过学习与培训，不仅有助于通过鉴定考核，而且能够有针对性地进行系统学习，真正掌握本职业的核心技术与操作技能，从而实现从懂得了什么到会做什么的飞跃。

职业技术·职业资格培训教材立足于国家职业标准，也可为全国其他省市开展新职业、新技术职业培训和鉴定考核，以及高技能人才培养提供借鉴或参考。

新教材的编写是一项探索性工作，由于时间紧迫，不足之处在所难免，欢迎各使用单位及个人对教材提出宝贵意见和建议，以便教材修订时补充更正。

人力资源和社会保障部教材办公室
中国就业培训技术指导中心上海分中心
上海市职业技能鉴定中心
上海市消防局

# 序

消防工作是一项关系到人民群众安居乐业、关系到改革发展稳定大局的重要工作，是构建社会主义和谐社会的重要保障。当前，上海紧紧围绕四个“率先”，努力建设“四个中心”，经济社会快速发展。经过多年的大建设、大发展，城市安全蛰伏了诸多“显患”和“隐忧”，正处在安全事故的高发、频发期。近几年，上海消防工作压力愈来愈大，消防年接处警量达到8万余起。面对日趋复杂的消防保卫对象和日趋繁重的灭火救援任务，培养一批专业的、高技能的，能有效承担火灾扑救、抢险救援和应急救助任务的灭火救援员队伍，对于提高上海的消防工作水平，推进消防工作社会化进程有着重要的意义。

为构建科学的消防安全体系，进一步提升公共消防安全水平，上海消防坚持以科学发展观为指导，深入贯彻《中华人民共和国消防法》《上海市消防条例》等法律法规，依据《上海市消防“十二五”规划》和《上海市人民政府贯彻国务院关于加强和改进消防工作意见的实施意见》等相关文件精神，结合城市发展实际，按照“政府主导、多方协同、单位负责、突出重点、分步实施”的总体思路，出台了《关于组建超高层、地铁和公众聚集场所专职消防队的实施意见》《关于本市三星级以上饭店组建志愿消防队的实施意见》《关于组建第二批超高层建筑、公众聚集场所和三级甲等医院专职消防队的意见》等系列配套文件，积极构建以公安消防队为主力、专职消防队为补充、志愿消防队为基础的火灾防控力量体系，推进本市多种形式消防队伍建设新发展。据统计，上海消防现有消防站（点）120余个，消防官兵8 000余名；有企业专职消防队120余支，城镇专职消防队30余支，高层、地铁、大型商（市）场、三级甲等医院、星级宾馆等场所专职、义务、志愿消防队近千支，村（居）委消防工作站1 097个，相关从业人员超过3万名。由于历史的原因和行业的特点，灭火救援员除了隶属消防部门的现役和合同制消防员以外，其他专职、志愿消防员主要由单位自行培养，人员素质、能力参差不齐，尤其是高技能的灭火救援员极度缺乏。

《国务院关于加强和改进消防工作的意见》（国发［2011］246号）明确提出要加强消防行业特有工种职业技能鉴定工作，完善消防从业人员职业资格制度，探索建立行政许可类消防专业人员职业资格制度，推进社会消防从业人员职业化建设。2011年，人社部、公安部联合制定了《灭火救援员》国家职业标准并颁布实施，公安部消防局专门下发《关于进一步推进消防行业特有工种职业技能鉴定工作的通知》，上海消防把“专职消防队员应当接受培训，取得相应的消防职业等级证书”纳入《上海市消防条例》，依法推进消防职业培训和技能鉴定工作。《灭火救援员》教程是在总结上海十多年消防职业培训和技能鉴定工作经验的基础上，根据国家职业标准要求，结合上海消防实际情况，在上海市人力资源和社会保障局的指导下，由上海消防部门组织专家编写的系列教材。该教材必将有利于推进灭火救援员职业培训和技能鉴定工作，有利于提升社会和部队灭火救援水平，有利于提升上海城市消防安全管理和抗御火灾综合实力，切实保障城市运行安全和市民群众生命财产安全。我相信，随着上海社会消防教育培训工作的深入推进，上海的消防安全形势将会得到明显改善，上海率先建立与社会主义市场经济相适应的科学、规范、有序的消防安全管理机制必将不日实现。

上海市消防局局长 赵丁扬

2013年10月

# 目　录

## 第一篇　专业理论

### 第1章　火灾扑救器材装备



### 第2章　抢险救援装备



### 第3章　社会救助器材

# 第二篇 技能操作

## 第 4 章 考位一：识别、点验和操作基本防护、登高装备及灭火器



## 第 5 章 考位二：识别、点验和操作常规供水、射水器材



## 第 6 章 考位三：操作固定消防设施

## 第7章 考位四：识别、点验个人防护器具并实施警戒



## 第8章 考位五：识别、点验和操作常用手动破拆工具



## 第9章 考位六：识别、点验和操作应急救助器材

## 第三篇　考核鉴定

## 第四篇　灭火救援员（五级）理论知识模拟试题

# 第一篇　专业理论

# 第 1 章

## 火灾扑救器材装备

# 第 1 节　防 护 装 备

## 一、消防头盔

### 1. 适用范围

图 1—1　消防头盔

消防头盔如图 1—1 所示，主要适用于消防员在火灾现场执行侦察、灭火、救援等任务时佩戴，对消防员的头部和颈部进行保护，除了能防热辐射、燃烧火焰、电击、侧面挤压外，最主要的是防止坠落物的冲击和穿透。

### 2. 组成及结构

消防头盔分为有帽檐式和无帽檐式两种，它由帽壳、佩戴装置、面罩、披肩和下颏带等主要部件组成，如图 1—2a、图 1—2b 所示。

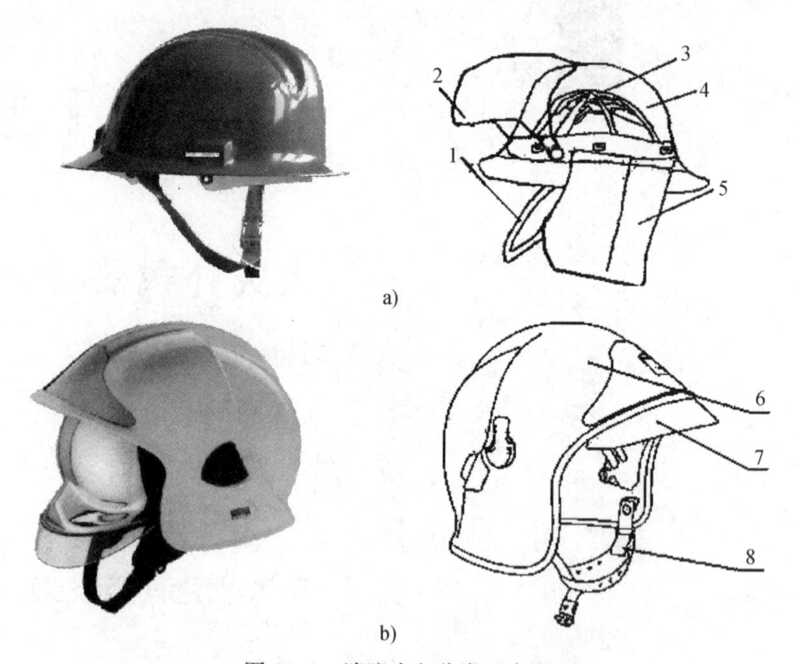


图 1—2　消防头盔分类示意图

a）有帽檐式消防头盔结构简图　b）无帽檐式消防头盔结构简图

1—下颏带　2—面罩　3—佩戴装置　4—帽壳　5—披肩　6—帽壳　7—面罩　8—下颏带

3. **主要技术性能**

（1）冲击吸收性能

1）冲击力指标：5 kg 钢锤自 1 m 高度自由下落冲击头盔，头模所受冲击力的最大值不超过 3780 N。

2）冲击加速度指标：头盔佩戴在总重为 5.2 kg 的坠落装置上自由下落，冲击砧座。加速度超过 200 $g_n$，其持续时间小于 3 ms；超过 150 $g_n$，其持续时间小于 6 ms。

（2）耐穿透性能。3 kg 钢锥自 1 m 高度自由下落冲击头盔，钢锥不与头模接触。

（3）耐燃烧性能。10 $kW/m^2 \pm 1\ kW/m^2$ 辐射热通量辐照 60 s，在不移去辐射热源的条件下，用火焰燃烧帽壳 15 s，火源离开帽壳后，帽壳火焰在 5 s 内自熄，并无火焰烧透到帽壳内部的明显迹象。

（4）耐热性能。头盔在 260℃±5℃环境中放置 5 min 后取出，在室温下冷却后，符合下列要求：帽壳不能触及头模；帽壳后沿变形下垂不应超过 40 mm；帽舌和帽壳两侧变形下垂均不应超过 30 mm；帽箍、帽托、缓冲层和下颏带均无明显变形和损坏。

4. **使用与维护**

（1）佩戴方式。消防头盔使用时，首先应根据消防员自身情况调节调幅带，然后装上披肩呈自然垂挂状态；戴帽后，将下颏带搭扣扣紧，然后调节环扣，使下颏带紧贴面部系紧；再调节棘轮，将帽箍系紧；最后拉下面罩，头盔佩戴完毕。

（2）使用说明。使用前，应检查消防头盔的帽壳、面罩是否有裂痕、烧融等损伤；帽箍上的插脚是否插入帽壳的插槽内；披肩是否有炭化、撕破等损伤，如有损伤，应停止使用。

使用时，尤其是在灭火战斗中，不要随意推上面罩或卸下披肩，以防面部、颈部烧伤或损伤。消防头盔应轻拿轻放，不能在头盔上坐或站立，避免与坚硬物质相互摩擦、碰撞，以免划伤或损坏帽壳和面罩。

消防头盔使用后，应将各部件清洗、擦净、晾干。清洗帽壳和面罩可用适宜的塑料清洗剂或清洗液，不要使用溶剂、汽油、乙醇等有机溶液或酸性物质来清洗。若头盔使用中受到较重的冲击或灼烧，应检查各部件是否损坏。如无损坏，可继续使用，并将头盔各部件恢复于储存状态。

（3）维护保养。消防头盔各部件不要随意拆卸，检查和维修工作必须由经过培训的技术人员来执行，以免影响结构的完整性和各部件的配合精度，使防护性能变差。

消防头盔在运输过程中应轻装轻卸，避免雨淋、受潮、暴晒，避免与油、酸、碱等易燃、腐蚀物品或化学药品混装。

消防头盔应储存在干燥、通风的仓库中，不得接触高温、明火、强酸和尖锐的坚硬物体，应避免阳光直射。

## 二、灭火防护服

### 1. 适用范围

消防员灭火防护服如图 1—3 所示，适用于消防员在灭火救援时穿着，对消防员的上下躯干、头颈、手臂、腿进行热防护，阻止水向隔热层渗透，同时在人体大运动量活动时能够顺利排出汗气。消防员灭火防护服不适用于在高温环境中，例如丛林火灾、荒野火灾和森林火灾灭火时穿着，也不适用于对头、手和脚的防护。

### 2. 组成及结构

消防员灭火防护服为分体式结构，由防护上衣和防护裤子组成。

消防员灭火防护服面料由四层材料组成：外层具有阻燃性能，耐磨性能好，强度高，有一定防静电功效；防水透气层具有防水、透气功能；隔热层具有保暖、隔热、阻燃功能；舒适层使穿着更为舒适。

### 3. 主要技术性能

（1）面料外层阻燃性能。续燃时间不大于 2 s，损毁长度不大于 100 mm，且没有熔融、滴落现象。

（2）隔热层阻燃性能。续燃时间不大于 2 s，损毁长度不大于 100 mm，且没有熔融、滴落现象。

图 1—3　灭火防护服

### 4. 使用与维护

（1）使用说明

1）使用前应进行检查，发现有损坏，不得使用。

2）使用中不宜接触明火以及有锐角的坚硬物体。

3）使用后应及时检查，发现破损应报废，并及时更换。

（2）维护保养

1）沾污的防护服可放入温水中用肥皂水擦洗，再用清水漂净，晾干，不允许用沸水洗或用火烘烤。

2）应储存在通风、透气、干燥、清洁的库房内，避免雨淋、受潮、暴晒，且不得与油、酸、碱等易燃、易爆物品或化学腐蚀性物品接触。

3）在正常储存条件下，每年检查一次，检查合格后方可投入使用，防护服使用后应用水冲洗干净，晾干储存。

4）在正常保管条件下，储存期为2年。

## 三、抢险救援头盔

### 1. 适用范围

抢险救援头盔如图1—4所示，适用于消防员在事故现场执行抢险救援任务时佩戴。抢险救援头盔主要考虑防止坠落物的冲击和穿透、防电击、防侧向挤压等性能要求。

### 2. 组成及结构

抢险救援头盔的结构与消防头盔相似，也由帽壳、佩戴装置、面罩、披肩和下颏带等主要部件组成。

图1—4　抢险救援头盔

### 3. 主要技术性能

（1）冲击吸收性能。5 kg钢锤自1 m高度自由下落冲击头盔，头模所受冲击力的最大值不大于3780 N。

（2）耐穿透性能。3 kg钢锥自1 m高度自由下落冲击头盔，钢锥不与头模接触。

（3）阻燃性能。火焰燃烧帽壳15 s，火源离开帽壳后，帽壳火焰在5 s内自熄。

（4）热稳定性能。在温度为180℃±5℃条件下，经5 min后，救援头盔边檐无明显变形；硬质附件须保持功能完好；反光材料表面无炭化、脱落现象。

### 4. 使用与维护

（1）佩戴方式。与消防头盔相同，抢险救援头盔使用时，首先根据消防员自身情况调节调幅带，然后装上披肩呈自然垂挂状态；戴帽后，将下颏带搭扣扣紧，然后调节环扣，使下颏带紧贴面部并系紧；再调节棘轮，将帽箍系紧；最后拉下面罩，头盔佩戴完毕。

（2）使用说明

1）使用前，应检查帽壳、面罩是否有裂痕等损伤；帽箍上的插脚是否插入帽壳的插槽内；披肩是否有撕破等损伤。如有损伤，应停止使用。

2）使用时，头盔应轻拿轻放，不能在头盔上坐或站立，避免与坚硬物质相互摩擦、碰撞，以免划伤或损坏帽壳和面罩。

3）使用后，应将头盔各部件清洗、擦净、晾干。清洗帽壳和面罩可用适宜的塑料清洗剂或清洗液。不要用溶剂、汽油、乙醇等有机溶液或酸性物质来清洗。若头盔使用中受到较重的冲击或灼烧，应检查各部件是否损坏。如无损坏，可继续使用，并将头盔各部件恢复到储存状态。

（3）维护保养。头盔各部件不要随意拆卸，检查和维修工作必须由经过培训的技术人员来执行，以免影响结构的完整性和各部件的配合精度，使防护性能变差。

在运输过程中应轻装轻卸，避免雨淋、受潮、暴晒，避免与油、酸、碱等易燃、腐蚀物品或化学药品混装。

头盔应储存在干燥、通风的仓库中，不得接触高温、明火、强酸和尖锐的坚硬物体，应避免阳光直射。

## 四、隔热防护服

### 1. 适用范围

消防员隔热防护服是消防员在灭火救援靠近火焰区受到强辐射热侵害时穿着的防护服，适宜在火场的“危险”状态中使用，也适用于工矿企业工作人员在高温作业时穿着。但不适用于消防员在灭火救援时进入火焰区与火焰有接触时，或处置放射性物质、生物物质及危险化学品时穿着。

### 2. 组成及结构

消防员隔热防护服的款式分为分体式和连体式两种。分体式消防员隔热防护服如图1—5所示，由隔热上衣、隔热裤、隔热头罩、隔热手套以及隔热脚盖等单体部分组成。连体式消防员隔热防护服如图1—6所示，由连体隔热衣裤、隔热头罩、隔热手套以及隔热脚盖等单体部分组成。

图1—5　分体式消防员隔热防护服

图1—6　连体式消防员隔热防护服

### 3. 主要技术性能

（1）面料外层阻燃性能。续燃时间不大于2 s，损毁长度不大于100 mm，且无熔融、滴落现象。

（2）面料隔热层阻燃性能。续燃时间不大于2 s，损毁长度不大于100 mm，且没有熔融、滴落现象。

(3) 整体抗辐射热渗透性能。40 kW/ $m^2$ 辐射热通量，辐照 60 s 后，其内表面温升不大于 25℃。

(4) 整体热防护性能。整体热防护性能值不小于 35.0。

(5) 隔热头罩耐高温性能。试样放置在温度为 260℃±5℃干燥箱内，5 min 后取出，无明显变形或损坏的现象。

(6) 隔热头罩视窗视野。隔热头罩视窗的总视野大于 80%，双目视野大于 65%，下方视野大于 50°。

(7) 隔热头罩视窗透光率。无色透明和浅色透明视窗的透光率分别不小于 85%和 43%。

#### 4. 使用与维护

(1) 穿着方法。穿着时，首先应佩戴好防护头盔、防护手套、防护靴和空气呼吸器。然后穿着消防员隔热防护服，并将隔热头罩、隔热手套、隔热脚盖分别穿戴在防护头盔、防护手套和防护靴的外部，将空气呼吸器储气瓶放在背囊中。

(2) 使用说明。使用者应选择合适的消防员隔热防护服穿着，与防护头盔、防护手套、防护靴和空气呼吸器等防护装具配合使用。使用消防员隔热防护服前，应检查服装表面和面罩是否有裂痕、炭化等损伤，接缝部位是否有脱线、开缝等损伤，衣扣、背带是否牢固齐全。如有损伤，应停止使用。在灭火战斗中，穿着消防员隔热防护服不得进入火焰区或与火焰直接接触。

(3) 维护保养

1) 灭火或训练后，消防员隔热防护服应及时清洗、擦净、晾干。隔热层和外层应分开清洗。清洗时不能使用硬刷或用强碱，以免影响防水性能。晾干时不能在加热设备上烘烤。若使用中受到灼烧，应检查各部位是否损坏，如无损坏，可继续使用。

2) 消防员隔热防护服在运输中应避免与油、酸、碱等易燃、易爆物品或化学药品混装。

3) 消防员隔热防护服应储存在干燥、通风的仓库中。储存和使用期不宜超过 3 年。

### 五、抢险救援防护服

#### 1. 适用范围

消防员抢险救援防护服是消防员在进行抢险救援作业时穿着的专用防护服，能够对其除头部、手部、踝部和脚部之外的躯干、颈部、手臂、手腕和腿部提供保护。消防员抢险救援防护服不得在消防员进行灭火作业时，或处置放射性物质、生物物质及危险化学物品作业时穿着。

2. 组成及结构

消防员抢险救援防护服由外层、防水透气层和舒适层等多层织物复合而成。

消防员抢险救援防护服分为连体式和分体式两种。分体式消防员抢险救援防护服如图1—7所示，是衣裤分离式样的抢险救援防护服。连体式消防员抢险救援防护服如图1—8所示，是衣裤一体式样的抢险救援防护服。

图1—7　分体式消防员抢险救援防护服

图1—8　连体式消防员抢险救援防护服

3. 主要技术性能

（1）外层面料阻燃性能。续燃时间不应大于2 s，损毁长度不大于100 mm，且无熔融、滴落现象。

（2）外层面料热稳定性能。在温度为180℃±5℃的条件下，经5 min后，沿经、纬方向尺寸变化率不大于5%，且试样表面无明显变化。

4. 使用与维护

（1）使用说明。使用者应选择合适的消防员抢险救援防护服穿着，与防护头盔、防护手套、防护靴等防护服装配合使用。

使用消防员抢险救援防护服前，应检查其表面是否有损伤，接缝部位是否有脱线、开缝等损伤。如有损伤，应停止使用。

（2）维护保养。每次抢险救援作业或训练后，消防员抢险救援防护服应及时清洗、擦净、晾干。清洗时不要硬刷或用强碱，以免影响防水性能。晾干时不能在加热设备上烘烤。

消防员抢险救援防护服在运输中应避免与油、酸、碱等易燃、易爆物品或化学药品混装。应储存在干燥、通风的仓库中。储存和使用期不宜超过3年。

## 六、正压式消防空气呼吸器

### 1. 适用范围

正压式消防空气呼吸器如图 1—9 所示，主要使用在缺氧、有毒、有害的气体环境中，通常为消防灭火现场、化工厂、实验室、化学有毒物质泄漏现场等使用，不能在水下使用。其使用温度为−30℃～60℃。

### 2. 组成及结构

正压式消防空气呼吸器由面罩总成、供气阀总成、气瓶总成、减压器总成、背托总成等五个部分组成，如图 1—10 所示。

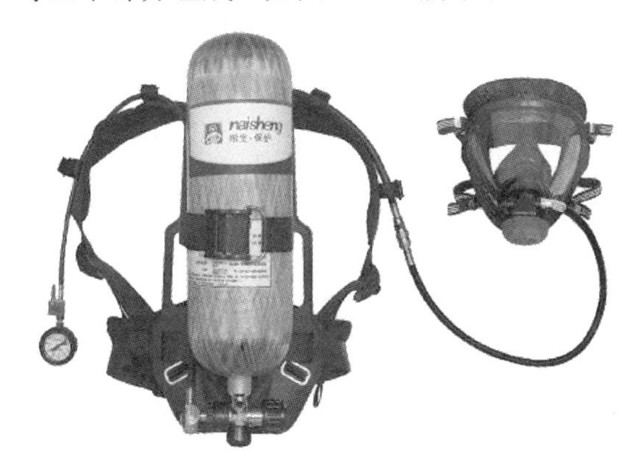


图 1—9　正压式消防空气呼吸器

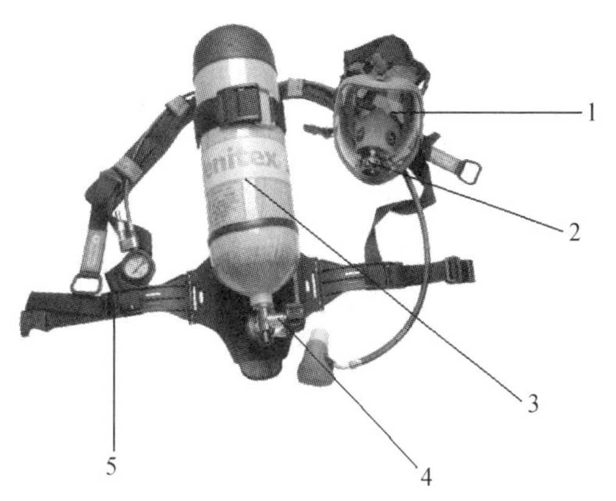


图 1—10　正压式消防空气呼吸器组成

1—面罩总成　2—供气阀总成　3—气瓶总成　4—减压器总成　5—背托总成

（1）面罩总成。面罩总成如图 1—11 所示，由颈带、传声器、吸气阀、头带、头罩组件、视窗、扣环组件、口鼻罩、视窗密封圈、凹形接口等组成。

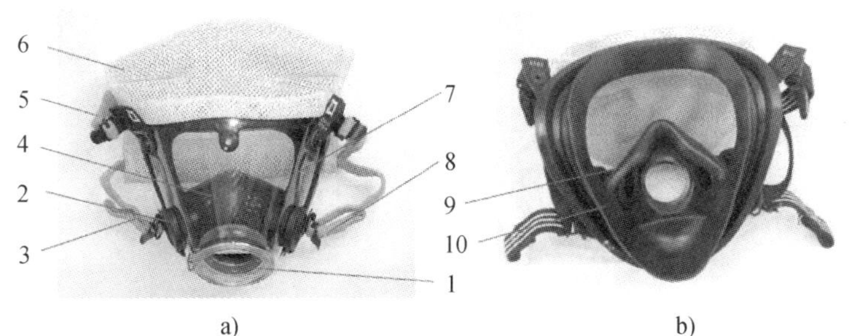


图 1—11　面罩总成

a）正视图　b）后视图

1—凹形接口　2—传声器　3—颈带　4—吸气阀　5—头带　6—头罩组件　7—视窗　8—扣环组件　9—视窗密封圈　10—口鼻罩

（2）供气阀总成。供气阀如图 1—12 所示，总成由节气开关、应急冲泄阀、插板、凸形接口、密封垫圈等组成。

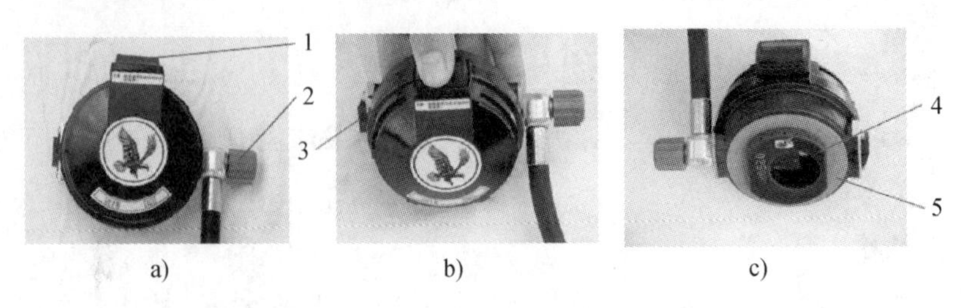


a)　　b)　　c)

图 1—12　供气阀

a）正视图　b）上视图　c）后视图

1—节气开关　2—应急冲泄阀　3—插板　4—凸形接口　5—密封垫圈

（3）气瓶总成。气瓶总成由气瓶和瓶阀等组成，如图 1—13、图 1—14 所示。

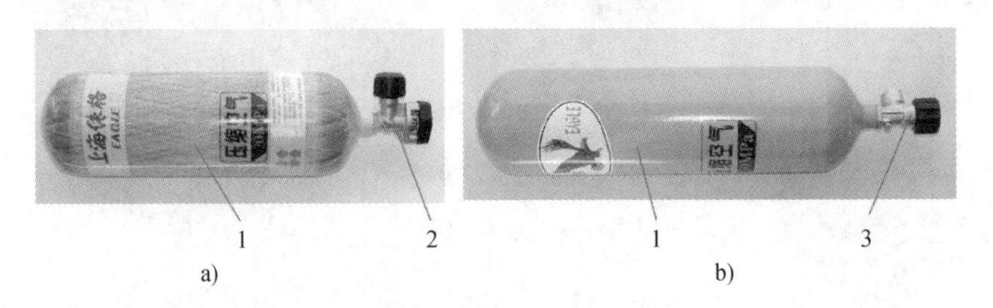


a)　　b)

图 1—13　气瓶

a）带压力表气瓶　b）不带压力表气瓶

1—气瓶　2—带压力表瓶阀　3—不带压力表瓶阀

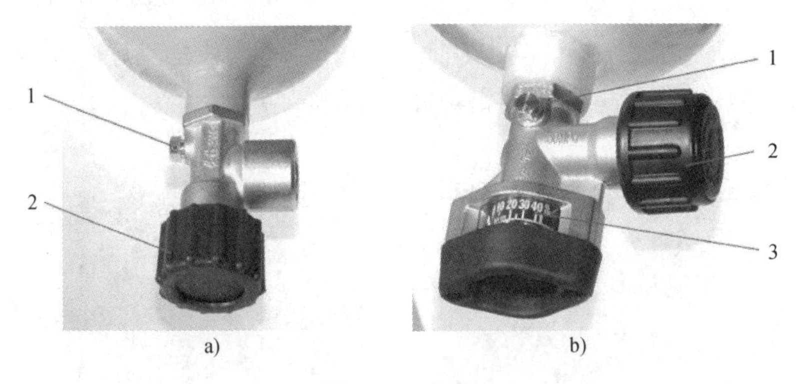


a)　　b)

图 1—14　瓶阀

a）普通瓶阀　b）带压力显示及欧标手轮瓶阀

1—安全螺栓　2—手轮　3—压力表

(4) 减压器总成。减压器总成如图 1—15 所示，由手轮、压力表、报警器、安全阀和中压导气管等组成。

(5) 背托总成。背托总成如图 1—16 所示，由背架、上肩带、下肩带、腰带、腰扣和固定气瓶的瓶箍带、瓶箍卡扣等组成。

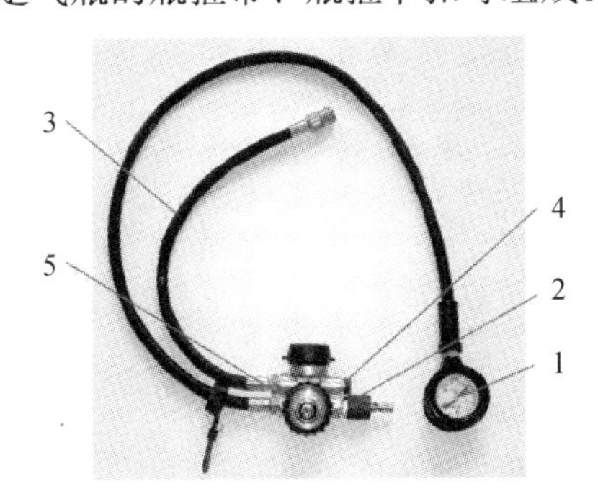


图 1—15　减压器总成

1—压力表　2—报警器　3—中压导气管　4—安全阀　5—手轮

图 1—16　背托总成

1—腰扣 A　2—腰带　3—下肩带　4—背架　5—上肩带　6—瓶箍带　7—瓶箍卡扣　8—腰扣 B

### 3. 主要技术性能

(1) 佩戴质量。不大于 18 kg（气瓶内气体压力处于额定工作压力状态）。

(2) 整机气密性能。在气密性能试验后，其压力表的压力指示值 1 min 内下降不大于 2 MPa。

(3) 动态呼吸阻力。在气瓶额定工作压力至 2 MPa 的范围内，以呼吸频率 40 次/min、呼吸流量 100 L/min 呼吸，呼吸器的面罩内始终保持正压，且吸气阻力不大于 500 Pa，呼气阻力不大于 1 000 Pa；在 2 MPa 至 1 MPa 的范围内，以呼吸频率 25 次/min、呼吸流量 50 L/min 呼吸，呼吸器的面罩内仍保持正压，且吸气阻力不大于 500 Pa，呼气阻力不大于 700 Pa。

(4) 警报器性能。当气瓶内压力下降至 5.5 MPa±0.5 MPa 时，警报器发出连续声响报警或间歇声响报警，且连续声响时间不少于 15 s，间歇声响时间不少于 60 s，发声声级不小于 90 dB (A)；从警报发出至气瓶压力为 1 MPa 时，警报器平均耗气量不大于 5 L/min 或总耗气量不大于 85 L。

### 4. 使用与维护

(1) 使用方法

1) 打开器材箱。将器材箱放在地上，打开箱盖，解开装具固定带。

2) 检查气瓶压力及系统气密性。逆时针方向旋转瓶阀手轮，至少 2 圈。如果发现有气体从供气阀中流出，则按下节气开关，气流应停止。30 s 后，观察压力表的读数，气瓶内空气压力应不小于 28 MPa。顺时针旋转瓶阀手轮，关闭瓶阀（见图 1—17），继续观察压力表读数 1 min，如果压力降低不超过 0.5 MPa，且不继续降低，则系统气密性良好。

图 1—17　关闭瓶阀

带自锁手轮瓶阀使用方法：开启时用右手逆时针旋转手轮至少两圈，以完全打开瓶阀；关闭时用右手沿瓶阀体方向推进手轮，同时顺时针转动手轮。一次关闭不了，可重复关闭几次，直至完全关闭瓶阀。如果供气阀上的节气开关在瓶阀打开之前没有被按下关闭，空气将从面罩内自由流出。如果气瓶未充满压缩空气，使用前须换上充满空气的气瓶。

3）检测报警器。顺时针旋转瓶阀手轮，关闭瓶阀；然后，略微打开供气阀上冲泄阀旋钮，将系统管路中的气体缓慢放出，当气瓶压力降到 5.5 MPa±0.5 MPa 时，报警器应开始启鸣报警，并持续到气瓶内压力小于 1 MPa 时止；待气流停止时，完全关闭冲泄阀。当气瓶压力降到 5.5 MPa±0.5 MPa 时，如果报警器不能正常报警，则该呼吸器暂停使用，并作好标记等待授权人员修理。

4）检查瓶箍带是否收紧。用手沿气瓶轴向上下拨动瓶箍带（见图 1—18），瓶箍带不易在气瓶上移动，说明瓶箍带已收紧。如果未收紧，应重新调节瓶箍带的长度，将其收紧。

5）佩戴装具。将气瓶底部朝向自己，然后展开肩带，并将其分别置于气瓶两边。两手同时抓住背架体两侧，将呼吸器举过头顶，同时，两肘内收贴近身体，身体稍微前倾，使呼吸器自然滑落于背部，同时确保肩带环顺着手臂滑落在肩膀上（见图 1—19）；然后，站直身体，向下拉下肩带，将呼吸器调整到舒适的位置，使臀部承重（见图 1—20）。

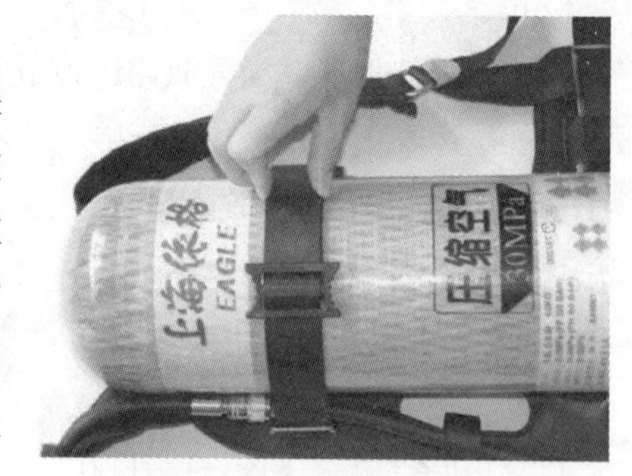


图 1—18　收紧瓶箍带

图 1—19　背上气瓶

图 1—20　拉下肩带

6）收紧腰带。将腰带上的腰扣 B 插入腰扣 A 内，然后将腰带左右两侧的伸出端同时向侧后方拉动，将腰带收紧，如图 1—21 所示。

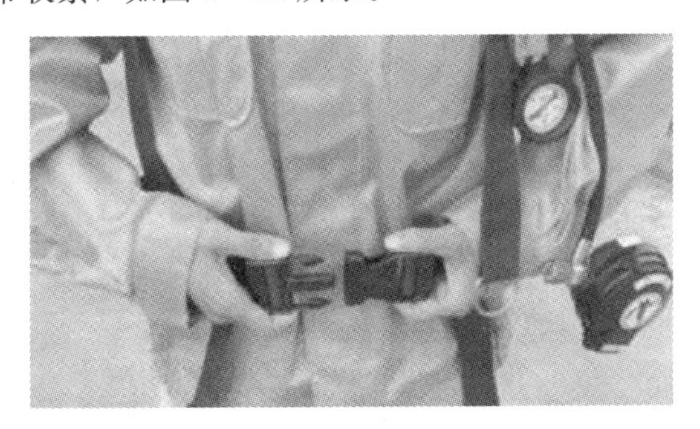

图 1—21　收紧腰带

7）佩戴面罩。检查面罩组件，确认口鼻罩上已装配了吸气阀，且口鼻罩位于下巴罩后面及两个传声器的中间，把头罩上的带子翻至视窗外面（见图 1—22）。一只手将面罩罩在面部，同时用另一只手外翻并后拉将头罩戴在头上（见图 1—23）。

图 1—22　调整面罩

图 1—23　佩戴面罩

带子应平顺无缠绕。确保下巴位于面罩的下巴罩内。向后拉动颈带（下方带子）两端，收紧颈带如图 1—24 所示。向后拉动头带（上方带子）两端，收紧头带如图 1—25 所示。

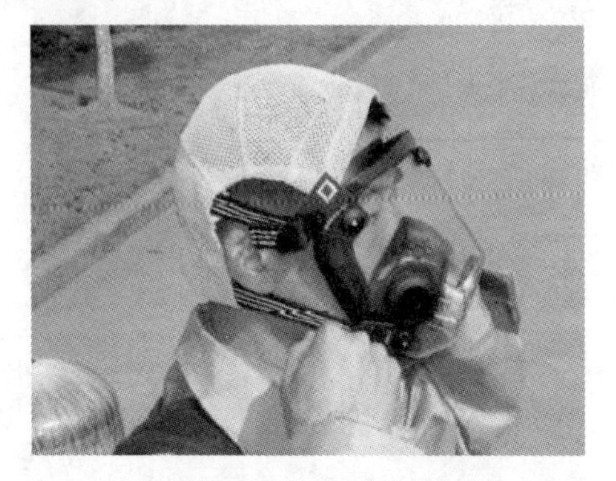

图 1—24　收紧颈带

图 1—25　收紧头带

颈带、头带都不要收得过紧，否则会引起不适。如有必要，重新收紧颈带。当使用者的面部条件妨碍了脸部与面罩的良好密封时，不应佩戴呼吸器。这样的条件包括胡须、鬓角或眼镜架等。使用者面部和面罩间密封性不好会缩短呼吸器的使用时间或导致使用者本应由呼吸器防护的部分暴露于空气中。

8）检查面罩密封性。用手掌心捂住面罩接口处，深吸气并屏住呼吸 5 s，应感到视窗始终向面部贴紧（即面罩内产生负压并保持），说明面罩与脸部的密封性良好（见图 1—26）。否则需重新收紧头带和颈带或重新佩戴面罩。检查面罩和面部密封性能时，如果发现有空气泄漏，可移开面罩，重复上述佩戴步骤。如果面罩调节后仍不能与面部保持良好密封，则应更换另一个面罩重新检查。

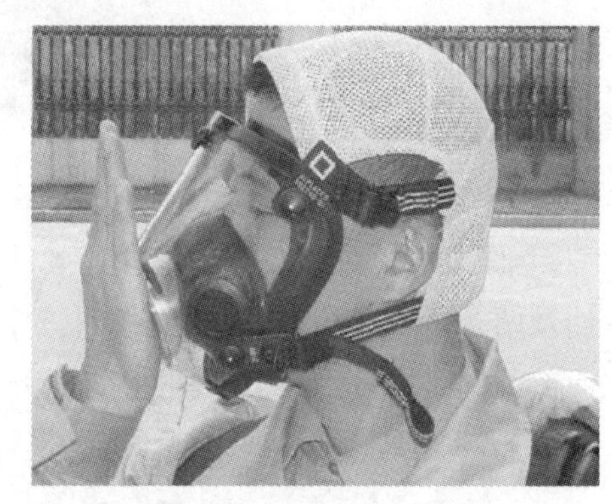

图 1—26　检查面罩密封性

9）打开瓶阀。逆时针方向旋转瓶阀手轮，至少 2 圈。

10）安装供气阀。将供气阀的凸形接口插入面罩上相对应的凹形接口，然后逆时针旋转，使节气开关转至 12 点钟位置，并伴有“咔嗒”一声（见图 1—27）。此时，供气阀上的插板将滑入面罩上的卡槽中锁紧供气阀。如果供气阀不能安装到面罩上，则应检查供气阀上密封圈是否损坏，检查面罩上与供气阀对接的密封面是否损坏。

11）检查呼吸器呼吸性能。供气阀安装好后，深吸一口气打开供气阀，随后的吸气过程中将有空气自动供给。吸气和呼气都应舒畅，无不适感觉。可通过几次深呼吸来检查供气阀的性能。如果首次吸气时没有空气自动供给，应检查瓶阀是否已打开及面罩是否同脸部密封良好，并观察压力表确认气瓶内是否有压力。面罩佩戴有误将会影响与脸部的密封效果，吸气时供气阀可能不会自动打开，这时请重新佩戴面罩。

12）开始使用。呼吸器经上述步骤认真检查合格并正确佩戴即可投入使用。使用过程中要随时注意报警器发出的报警信号，当听到报警声响时应立即撤离现场。

13）脱去面罩。确信已离开受污染或空气成分不明的环境或已处于不再要求呼吸保护的环境中。捏住下面左右两侧的颈带扣环向前拉，即可松开颈带，然后同样再松开头带，将面罩从面部由下向上脱下（见图 1—28）。按下供气阀上部的橡胶保护罩节气开关，关闭供气阀。面罩内应没有空气再流出。

图 1—27　安装供气阀

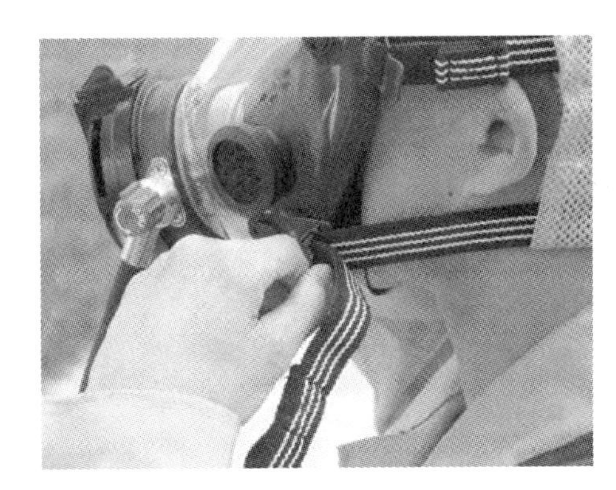

图 1—28　脱下面罩

14）卸下呼吸器。用拇指和食指压住插扣中间的凹口处，用力压下将插扣分开（见图 1—29）。两手勾住肩带上的扣环，向上轻提即可放松肩带，然后将呼吸器从肩背上卸下（见图 1—30）。

图 1—29　分开插扣

图 1—30　放松肩带

15）关闭瓶阀。顺时针旋转瓶阀手轮，关闭瓶阀。

16）系统放气。打开冲泄阀放掉呼吸器系统管路中压缩空气。等到不再有气流后，关闭冲泄阀。

（2）维护保养。绝大多数呼吸器都是因为使用者使用后不善于维护保养而不能正常工作，如果使用者能坚持精心维护保养，则可以实现多年无故障工作。

1）定期检查。备用的呼吸器，必须每周进行检查，或按确保呼吸器在需要使用时能正常工作的频率检查。如果发现有任何故障，必须将其与正常的呼吸器分开，并作好标记以便被授权人员进行修理。检查内容应按以下步骤进行：

①目检整套呼吸器有无磨损或老化的橡胶件，有无磨损或松弛的织带和损坏的零部件。

②检查气瓶最近的水压试验日期，确认该气瓶在有效使用期内。如果已超过使用期，应立即停止使用该气瓶并作好标记，由被授权人员进行水压测试，测试合格后方可再使用。

③检查气瓶上是否有物理损伤，如凹痕、凸起、划痕或裂纹等；是否有高温或过火对气瓶造成的热损伤，如油漆变成棕色或黑色、字迹烧焦或消失、压力表盘熔化或损坏；是否有酸或其他腐蚀性化学物品形成的化学损伤痕迹，如缠绕外层的脱落等。若发现有以上情况，则不应再使用该气瓶，而应完全放空气瓶内的压缩空气，并作好标记，等待被授权人员处理。

④确定气瓶是否已充满（压力表显示为 28 MPa～30 MPa 时表示气瓶已充满）。如果气瓶未充满，则换上一个充满压缩空气的气瓶。

⑤检查减压器手轮是否与瓶阀出口拧紧。关闭瓶阀时，不要猛力旋转手轮，否则可能导致瓶阀阀垫的损坏，影响瓶阀的密封性能。

⑥检查供气阀上的冲泄阀是否已关闭。

⑦检查与供气阀相连的中压管上的快速接头是否正确连接。

a. 完全按下供气阀上的节气开关。

b. 逆时针方向旋转瓶阀手轮，缓慢打开瓶阀，达到启鸣压力后报警器应启动，超出报警压力范围后报警应结束。

c. 戴上面罩并安装供气阀，在保持良好的密封状态下，深吸一口气，供气阀将自动打开，以正常呼吸检查供气阀工作是否正常。

d. 将面罩从脸上移开，空气应从面罩内连续流出。

e. 完全按下供气阀上的节气开关，空气应停止流出。

f. 逆时针旋转冲泄阀，有空气从供气阀中流出。

g. 顺时针旋转冲泄阀，至完全关闭位置，空气应停止从供气阀中流出。

h. 顺时针旋转瓶阀手轮关闭瓶阀，然后略微打开冲泄阀，将系统中的压缩空气放出，当压力降到5.5 MPa±0.5 MPa时，报警器开始声响报警，并持续到压力小于1 MPa时为止。气流停止时，完全关闭冲泄阀。

2）定期测试。至少每年由被授权的人员对呼吸器进行一次目检和性能测试。但在使用频率高或使用条件比较恶劣时，则应缩短定期测试的时间间隔。与呼吸器配套使用的气瓶，必须通过由国家质量技术监督局授权的检验机构进行的定期检验与评定。

3）清洁保养。呼吸器每次使用后按如下步骤清洁、保养：

①检查呼吸器有无磨损或老化的橡胶件、磨损或松弛的头罩织带或损坏件。

②从面罩上取下供气阀。

③清洗、消毒面罩

a. 在温水（最高温度43℃）中加入中性肥皂液或清洁剂（如餐具用洗洁剂）进行洗涤，然后用净水彻底冲洗干净。用海绵蘸医用酒精擦洗面罩，进行消毒。

b. 消毒后，用饮用水彻底清洗面罩。方法是先用轻柔的流水冲，然后晃动面罩，甩干残留水分，最后用干净的软布擦干，或用清洁干燥、压力小于0.2 MPa的空气轻轻吹干。有些清洁和消毒物质会引起呼吸器零件的损坏或加速老化。因此，只能使用推荐的清洁剂和消毒剂。未彻底洗净和完全干燥的面罩组件上残留的清洁剂或消毒剂会引起面罩零部件的损坏。

④清洗、消毒供气阀

a. 用海绵或软布将供气阀外表面明显的污物擦拭干净。

b. 从供气阀的出气口检查供气阀内部。如果已经变脏，请被授权的人员来清洗。

c. 如果供气阀需要清洗，则先关闭节气开关，并顺时针旋转冲泄阀旋钮关闭冲泄阀，再用医用酒精擦洗供气阀接口。然后晃动供气阀除去残留水分。冲洗之前允许消毒液与零件保持接触10 min。

d. 用饮用水冲洗供气阀。用轻柔的流水冲洗，洗涤时不要将供气阀直接浸入水中。

e. 晃动供气阀，除去残留水分，并用压力不超过0.2 MPa的空气彻底吹干。

f. 如果供气阀胶管与中压管断开连接，则重新进行连接。打开瓶阀和冲泄阀，吹去残留水分，然后关闭冲泄阀和瓶阀。定期在供气阀的密封垫圈上均匀涂抹少许硅脂，可使供气阀更容易装在面罩上。

⑤用湿海绵或软布将呼吸器其他不能浸入水中清洗的部位擦洗干净。

4）存放。确认所有的零部件都已彻底干燥后，将呼吸器放入器材箱或存放于专用储存室，室温0℃～30℃，相对湿度40%～80%，并远离腐蚀性气体。使用较少时，应在橡胶件上涂上滑石粉，以延长呼吸器的使用寿命。使用过程中如果怀疑呼吸器被危险物污染，被污染的部位必须作好标记，交被授权人员处理。

当呼吸器及其备用部件需要交通工具运输时，应采用可靠的机械装置来固定存放位置或用适于运输和存放呼吸器及其备用部件的器材箱存放。运输过程中，呼吸器的包装和存放应尽量避免由于交通工具在加速和减速、急转弯或发生事故时，对交通工具或附近人员造成伤害。

## 七、消防呼救器

### 1. 适用范围与工作原理

（1）适用范围。消防员呼救器如图 1—31 所示，具有良好的防水、防爆、阻燃以及抗冲击性能，适用于消防灭火战斗、抢险救灾等一切恶劣高危险工作环境，用来保证任务执行者的生命安全，在任务执行者遇到生命危险的时候，可以及时发出报警，通知战友进行营救。消防员呼救器分为普通消防员呼救器和无线通信消防员呼救器两种。

图 1—31　消防员呼救器

（2）工作原理

1）普通消防员呼救器工作原理。开启呼救器电源，计时电路开始工作，在静止状态 30 s 内，振动传感器一旦受到振动，计时电路回至初始状态重新开始计时；如果在静止状态 30 s 内，振动传感器未受到振动，计时电路进入 15 s 的预报警状态，在 15 s 的预报警状态中，振动传感器一旦受到振动，计时电路再次回至初始计时状态重新开始计时；如果在 15 s 的预报警状态中，振动传感器静止状态未受到振动，电路自动进入强报警状态，开始强报警。

2）无线通信消防员呼救器工作原理。开启呼救器电源，计时电路开始工作，在静止状态 30 s 内，振动传感器一旦受到振动，计时电路回至初始状态重新开始计时；如果在静止状态 30 s 内，振动传感器未受到振动，计时电路进入 15 s 的预报警状态，在 15 s 的预报警状态中，振动传感器一旦受到振动，计时电路再次回至初始计时状态重新开始计时；如果在 15 s 的预报警状态中，振动传感器静止状态未受到振动，电路自动进入强报警状态，开始强报警。在强报警期间，强报警和无线收/发交替进行。数字显示网络内呼救器编号，如果其中一部呼救器处于强报警状态，其他网络内呼救器都处于无线循环接收显示状态。无线通信消防员呼救器的无线发射接收距离大于 800 m。

### 2. 主要技术性能

产品的主要技术性能见表 1—1。

表 1—1　　　　消防员呼救器主要技术指标

| 序号 | 参数名称 | | | 单位 | 指标 |
| --- | --- | --- | --- | --- | --- |
| 1 | 工作电压 | | | V | 9 |
| 2 | 报警信号 | 声音 | 音频频率 | kHz | 2.4±0.3 |
| | | | 预报警声强 | dB | ≥65 |
| | | | 强报警声强 | | ≥95 |
| | | LED | 闪烁频率 | Hz | 1±0.2 |
| | | | 可视距离 | m | ≥100 |
| | | 无线电（无线通信呼救器） | 发射频率 | MHz | 447±0.05 |
| | | | 发射功率 | mW | ≤10 |
| | | | 有效接收距离 | m | ≥800 |
| 3 | 报警时间 | 预报警 | 静止至预报警启动时间 | s | 30±5 |
| | | | 预报警持续时间 | | 15±3 |
| | | 强报警 | 不间断强报警 | min | ≥60 |
| 4 | 防爆性能 | EXIBI/IIBT4 | | | |
| 5 | 质量 | | | g | ≤300 |

### 3. 使用与维护

（1）使用方法

1）呼救器的电源由开关控制。开关压入，电源“开”；开关弹起，电源“关”。

2）按下电源开关，呼救器处于“自动工作状态”，壳内四角高亮度 LED 发光管频闪。当相对静止时间超过允许静止时间时，则发出预报警声响信号和 LED 发光管频闪信号。在预报警期间，如呼救器随佩戴人员运动，预报警声响信号应立即解除。

3）呼救器处于“自动工作状态”时，当相对静止时间超过允许静止时间和预报警时间之和时，呼救器发出报警声响信号和 LED 发光管频闪信号。在报警期间，报警声响信号和频闪灯光信号，不受呼救器运动状态的影响。如需停止，按呼救器前面的“复位开关”。

4）呼救器处于“自动工作状态”一旦有危险，使用者可手动按一下呼救器前面的“强制报警开关”，呼救器发出报警声响信号和 LED 频闪灯光信号。在手动报警期间，报警声响信号和频闪灯光信号，不受呼救器工作方位变化的影响。要解除信号，须再按一下“复位开关”，使呼救器回到“自动工作状态”。

5）呼救器处于“自动工作状态”，若右上角欠压指示灯闪亮，则表示电池电压不足，须及时更换电池或使用专用充电器充电。

（2）维护保养

1）呼救器防爆结构设计为本质安全型，必须由专业人员负责维修。

2）呼救器使用的电池不得用任何其他形式的电池代替。

3）呼救器放置时间过长，应及时进行检查，及时更换电池或充电。

4）呼救器适用于雨淋和防爆环境下使用，外壳破损、有裂痕不得进入救援现场。

5）呼救器应放在干燥无腐蚀性气体的地方。

6）严禁在易燃易爆场所对电池充电，不得在爆炸性气体环境中拆卸和更换电池。

7）发现壳体后盖密封圈漏水，应立即打开后盖，清理完积水晾干，用706密封胶均匀涂上后，拧紧螺钉。

8）发现呼救器前壳体内进水，可能是压电晶体蜂鸣腔四侧漏水，应立即打开后盖，清理完积水晾干，用AB胶将四周封固，用706胶将后盖封固，拧紧螺钉。

# 第2节　灭火器材

## 一、消防水枪

### 1. 直流水枪

直流水枪是用以喷射充实密集水射流的消防水枪，包括直流开关水枪和直流开花水枪等。

直流开关水枪主要喷射密集柱状射流进行灭火和冷却，这种水枪冲击力大，射程远，适用于远距离扑救一般固体物质火灾（A类火灾）。直流开花水枪是一种可喷射直流水流和开花水流的水枪。可以单独或同时喷射密集柱状射流和伞形开花水流，在火场中以伞形开花射流隔离热辐射，掩护消防员进入火场接近火源，以密集柱状射流扑救一般固体物质火灾（A类火灾）或冷却保护其他物质。

直流水枪在额定喷射压力时，其额定流量和射程应符合表1—2的要求。

表1—2　　直流水枪性能参数

| 接口公称通径（mm） | 当量喷嘴直径（mm） | 额定喷射压力（MPa） | 额定流量（L/s） | 流量允差 | 射程（m） |
|---|---|---|---|---|---|
| 50 | 13 | 0.35 | 3.5 | ±8% | ≥22 |
| | 16 | | 5 | | ≥25 |
| 65 | 19 | | 7.5 | | ≥28 |
| | 22 | 0.20 | 7.5 | | ≥20 |

（1）直流开关水枪。直流开关水枪（见图 1—32）主要由接口、阀门、枪管、喷嘴等组成。

其喷嘴口径有 13 mm、16 mm、19 mm、22 mm、25 mm 多种。有的水枪带有两个不同口径的喷嘴，更换水枪喷嘴就可以调整流量和射程。在同样的压力下，喷嘴口径越大，水流量越大；同样的口径，在一定的压力范围内，压力越大，射程越远，流量越大。

（2）直流开花水枪。直流开花水枪如图 1—33 所示，主要由稳流器、枪体、球阀、手柄、开花圈和直流喷雾体等零部件组成，具有直流调节阀和开花调节阀两个开关。直流调节阀控制着喷射密集柱状射流，开花调节阀控制着喷射开花射流。水流进入枪体后，分两路流动，由两个调节阀分别控制。

图 1—32　直流开关水枪

图 1—33　直流开花水枪

### 2. 多功能水枪

多功能水枪如图 1—34 所示，是一种既能喷射充实水流，又能喷射雾状水流，在喷射充实水流或喷射雾状水流的同时能喷射开花水流，并具有开启、关闭功能的水枪。

多功能水枪主要由喷嘴、枪管、阀芯、导流片、手柄等组成。

## 二、简易灭火工具

### 1. 种类与用途

常用的简易灭火工具主要有黄沙、泥土、水泥粉、炉渣、石灰粉、铁板、锅盖、湿棉被、湿麻袋以及盛装水的简易容器，如水桶、水壶、水盆、水缸等。除了上述提到的这些东西以外，在初起火灾发生时凡是能够用于扑灭火灾的所有工具（如扫帚、

图 1—34　多功能水枪

拖把、衣服、拖鞋、手套等）都可称为简易灭火工具。

比如，对于初起阶段的火灾，往往随手用黄沙、泥土和浸湿的棉被、麻袋去覆盖，就能使火熄灭。

又如，炒菜的时候，油锅起火了，只需迅速用锅盖盖住油锅，然后把锅端开即可。这是因为锅盖把着火的油和空气隔开了，油得不到足够的空气，就不能继续燃烧下去。

同样道理，用黄沙、泥土、湿棉被甚至滑石粉等去覆盖着火的燃烧物，并将燃烧的东西全部盖住，也是为了隔绝空气与燃烧物接触。待燃烧着的物体内部附着的一些空气烧完，火就熄灭了。

简易灭火工具种类多、用途广，而且能因地制宜、就地取材、取用方便，在火灾初起阶段值得推广使用。

**2. 适用范围**

由于燃烧对象的复杂性，简易灭火工具在使用上也有其局限性。各企事业单位或居民家庭可以根据灭火对象的具体情况和简易灭火工具的适用范围，作好相应准备。

（1）一般易燃固体物质（如木材、纸张、布片等）初起火灾，可用水、湿棉被、湿麻袋、黄沙、水泥粉、炉渣、石灰粉等扑救。

（2）易燃、可燃液体（如汽油、酒精、苯、沥青、食油等）初起火灾扑救，要根据其燃烧时的状态来确定简易灭火器材。当液体燃烧时局限在容器内，如油锅、油桶、油盘着火，可用锅盖、铁板、湿棉被、湿麻袋等灭火（见图 1—35），不宜用黄沙、水泥、炉渣等扑救，以免燃烧液体溢出造成流淌火灾。对于流淌液体火灾，可用黄沙、泥土、炉渣、水泥粉、石灰粉筑堤并覆盖灭火。

图 1—35　用锅盖灭油锅火灾

(3) 可燃气体（如液化石油气、煤气、天然气、乙炔气等）火灾，在切断气源或明显降低燃气压力（小于0.5大气压）的情况下方可用湿麻袋、湿棉被等灭火（见图1—36)。但灭火后必须立即切断气源，如不能切断气源，应在严密防护的情况下维护稳定燃烧。

(4) 遇湿燃烧物品（如金属钾、钠等）火灾，由于这类物品遇水强烈反应，置换水中的氢，生成氢气并产生大量的热，引起着火爆炸。因此，只能用干燥的沙土、泥土、水泥粉、炉渣、石灰粉等扑救，但灭火后必须及时回收，按要求盛装在密闭容器内。

图1—36　使用湿棉被扑灭液化气火灾

(5) 自燃物品（如黄磷、硝化纤维、赛璐珞、油脂等）着火，因其在空气中或遇潮湿空气能自行氧化燃烧，所以用沙土、水泥粉、泥土、炉渣、石灰粉等灭火后，要及时回收，按规定存放，防止复燃。

初起火灾扑救，关键在于“快”，不要让火势蔓延扩大。“快”才能阻止火灾扩大，“快”才能减少火灾损失，“快”就要求现场人员灵活机动，就地取材。因此，各单位、各社区要重视简易灭火器材的作用，教育职工、市民学会使用简易灭火器材，用自己掌握的消防知识保护自己和他人。

**3. 灭火毯**

灭火毯（见图1—37）是一种经过特殊处理的玻璃纤维斜纹织物，具有光滑、柔软、紧密等特点，它分为玻纤和碳纤两种材质，不刺激皮肤。灭火毯对于需远离热源体的人、物是一个最理想、最有效的外保护层，并且非常容易包扎表面凹凸不平的物体。灭火毯主要是用于企业、商场、船舶、汽车、民用建筑物等场合的一种简便的初始灭火工具，特别适用于家庭和饭店的厨房、宾馆、娱乐场所、加油站等一些容易着火的场所。

图1—37　灭火毯

灭火毯是一种质地非常柔软的消防器具，在火灾初始阶段能以最快速度隔氧灭火，从而控制灾情蔓延，如图1—38所示。毯子本身还具有防火、隔热的特性，还可以作为及时逃生用的防护物品，在逃生过程中，只要将毯子裹于全身，就能使人体得到很好的保护。

图 1—38　使用灭火毯灭火

灭火毯与水基型、干粉型灭火器相比，具有以下优点：

（1）无失效期；

（2）在使用后不会产生二次污染；

（3）绝缘、耐高温；

（4）便于携带，配置简单，能够快速使用，无破损时能够重复使用。

**4. 简易式灭火器**

（1）概述。简易式灭火器是指灭火剂充装量在 1 000 g 或 1 L 以下，且为一次性使用、不可再充装的灭火器。常见的有简易式干粉灭火器和简易式水基型灭火器等。由于此类灭火器的灭火能力较低，无法检查，所以不能用于强制性配置的场所，故也未被列入有关标准的分类中。

（2）用途

1）能扑救家庭厨房的油锅火和废纸篓等固体可燃物燃烧的初起火灾。

2）简易式干粉灭火器还可以扑救家庭液化石油气灶或煤气灶及钢瓶上角阀等处的初起火灾。

（3）使用方法。使用简易式灭火器时，手握灭火器筒体上部，大拇指按住开启钮，用力按下即能喷射；在灭液化石油气灶或钢瓶角阀等气体燃烧的初起火灾时，只要对准着火处喷射，火焰熄灭后即将灭火器关闭，以备复燃再用；如灭油锅火，应对准火焰根部喷射，并左右晃动，直至火扑灭。灭火后应立即关闭燃气开关，或将油锅移离加热源，防止复燃。使用简易式空气泡沫灭火器扑灭油锅火时，应对准油锅壁喷射，不能直接冲击油面，防止将油冲出油锅，扩大火势。

## 三、灭火器

### 1. 概述

灭火器是指能在其内部压力作用下，将所充装的灭火剂喷出以扑救火灾，并靠人力移动的灭火器具。灭火器担负的任务是扑救初起火灾。一只质量合格的灭火器，如果使用得当、及时，可将一切损失巨大的火灾扑灭在萌芽状态。因此，灭火器的作用是非常重要的。

灭火器能否成功扑救初起火灾赖于三个必要的条件：

一是发现火情时，能否在适当位置获得足够适用的灭火器；

二是灭火器是否处于良好的工作状态；

三是发现火情的人是否有能力正确使用灭火器。

### 2. 分类

目前灭火器主要按所充装的灭火剂、驱动灭火剂的动力来源和灭火器的移动方式分类。

（1）按驱动灭火剂的动力来源分类

1）储气瓶式灭火器。指灭火剂由储气瓶释放的压缩气体压力或液化气体压力驱动的灭火器。根据储气瓶的安装位置不同，又可分为内置储气瓶式灭火器和外置储气瓶式灭火器。

2）储压式灭火器。指灭火剂由储于灭火器同一容器内的压缩气体或灭火剂蒸气压力驱动的灭火器。

（2）按灭火器的移动方式分类

1）手提式灭火器。手提式灭火器如图 1—39 所示，是指能在其内部压力作用下，将所装的灭火剂喷出以扑救火灾，并可手提移动的灭火器具。手提式灭火器的总质量不应大于 20 kg，其中二氧化碳灭火剂的总质量不应大于 23 kg。

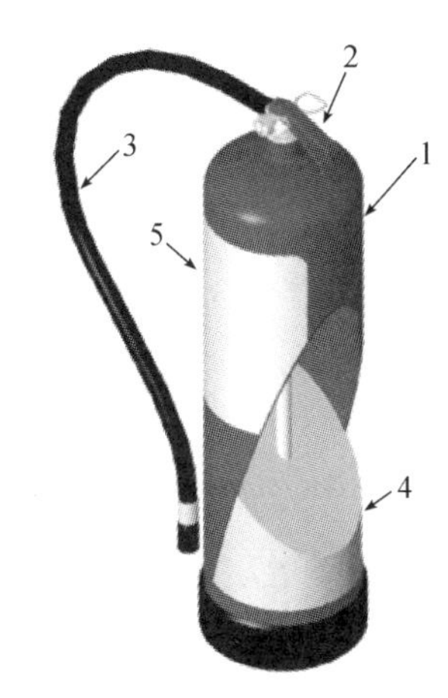


图 1—39　手提式灭火器切面图

1—一个或数个罐或筒，内藏灭火剂或推进气，或两者皆有

2—阀门，用以阻挡或控制灭火剂的流动

3—软管，用以将灭火剂喷射至火上；3 kg 以下的灭火器一般无软管，只有喷嘴

4—灭火剂

5—标签，显示使用方法、限制、限期等资料

2）推车式灭火器。推车式灭火器如图 1—40 所示，是指装有轮子的可由一人推（或拉）至火场，并能在其内部压力作用下，将所装的灭火剂喷出以扑救火灾的灭火器具。推车式灭火器的总质量大于 25 kg，但不应大于 450 kg。

（3）按充装的灭火剂分类

1）水基型灭火器如图 1—41 所示。充装的水基型灭火剂包括清洁水和为了提高灭火效果而加有添加剂的水，如湿润剂、增稠剂、阻燃剂和发泡剂等。根据灭火剂的特性，水基型灭火器又可分为以下两大类：

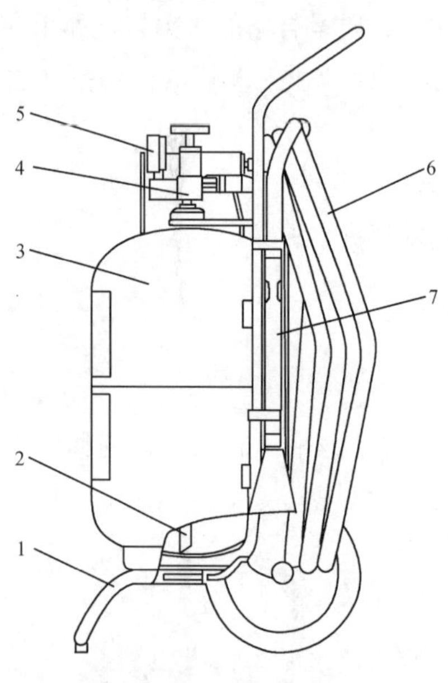


图 1—40　推车式灭火器

1—车架　2—虹吸管　3—筒体　4—启闭阀
5—压力表　6—喷射胶管　7—喷枪

图 1—41　水基型灭火器

①清水或带添加剂的水型灭火器。这类灭火器不具有发泡倍数和 25%析液时间要求。

②泡沫灭火器。这类灭火器具有发泡倍数和 25%析液时间要求。

2）干粉型灭火器如图 1—42 所示。充装的干粉灭火剂包括 BC 干粉灭火剂、ABC 干粉灭火剂以及 D 类火专用干粉灭火剂。

3）二氧化碳灭火器如图 1—43 所示，是以二氧化碳气体作为灭火剂的灭火器。

4）洁净气体灭火器如图 1—44 所示。其充装的洁净气体包括卤代烷烃类气体灭火剂、惰性气体灭火剂和混合气体灭火剂等。

**3. 干粉灭火器**

干粉灭火器是以化学粉剂作为灭火剂的灭火器，包括 BC 干粉灭火器和 ABC 干粉灭火器两类。

图 1—42　干粉型灭火器

图 1—43　二氧化碳灭火器

(1) 结构。干粉灭火器的结构，按驱动灭火剂的动力来源分为储气瓶式和储压式。按移动方式分为手提式和推车式。

1) 储气瓶式干粉灭火器。这类灭火器中的灭火剂和驱动气体分离储存，不相混。驱动气体一般为液态二氧化碳，储存在特制的钢制储气瓶内。使用时先将储气瓶打开，由其释放的液化气体的压力驱动灭火剂喷射。根据储气瓶的安装位置不同，有外置式结构和内置式结构两种。

2) 储压式干粉灭火器。这类灭火器中的灭火剂和驱动气体储存在同一容器内，混合在一起。驱动气体一般为氮气、压缩空气或灭火剂蒸气。使用时，由驱动气体释放压力驱动灭火剂喷射。

3) 推车式干粉灭火器如图 1—45 所示。这类灭火器由人推或拉着移动。推车式灭火器的驱动形式也有储气瓶式和储压式两种，其构造和喷射原理与手提式灭火器基本相同。

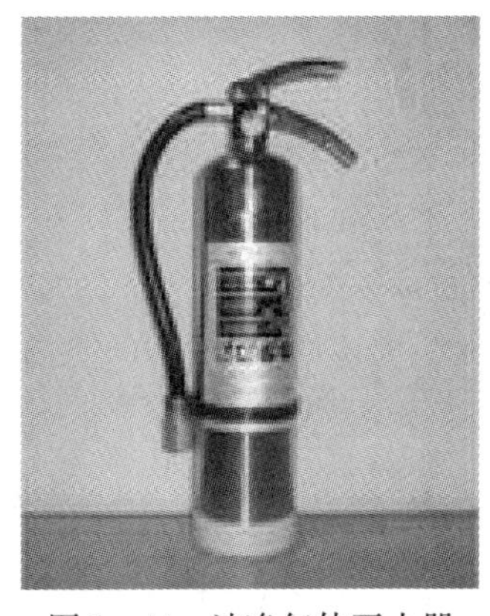

图 1—44　洁净气体灭火器

图 1—45　推车式干粉灭火器

（2）用途

1）BC 干粉灭火器

①适用于扑救可燃液体、可燃气体的初起火灾。如石油及其制品、酒精、液化气等引起的初起火灾。

②BC 干粉灭火器有 50 kV 以上的电绝缘性能，也能扑救涉及带电设备的初起火灾。

③适宜配置于储有易燃液体、可燃气体的场所。如加油站、汽车库、变配电房及煤气站、液化石油气站等处。

2）ABC 干粉灭火器（见图 1—46）

①适用于扑救可燃固体有机物质、可燃液体、可燃气体的初起火灾。如纸张、木竹材料及其制品、纺织材料及其制品、橡塑材料及其制品、石油及其制品、酒精、液化石油气等引起的初起火灾。

②ABC 干粉灭火剂有 50 kV 以上的电绝缘性能，也能扑救涉及带电设备的初起火灾。

③适宜配置于储有可燃固体有机物质、易燃液体、可燃气体的场所。如仓库、厂房、写字楼、公寓楼、体育场（馆）、影剧院、展览馆、档案馆、图书馆、商场、加油站、汽车库、变配电房及液化石油气、天然气灌装站、换瓶站、调压站等处。

④ABC 干粉灭火器还可以用于替代非必要场所的 1211 灭火器。

（3）使用方法

1）使用手提式干粉灭火器时，可将灭火器携带至火场，如在室外使用，应选择在火焰的上风方向，在人可靠近的燃烧物处，拔出灭火器保险销如图 1—47 所示，一只手握住喷射软管，另一只手抓紧压把，开启灭火器喷射灭火剂。如灭火器无喷射软管，可一手托住灭火器的底部，另一只手抓紧压把，开启灭火器喷射灭火剂，但不要使灭火器横转。需

图 1—46　手提式 ABC 干粉灭火器

图 1—47　拔出灭火器保险销

要时可不断地开启或关闭压把，间歇地喷射灭火剂。

2）使用推车式干粉灭火器时，可将灭火器推（或拉）至火场，在人可靠近的燃烧物处，展开喷射软管，然后，一手握住喷射枪，一手拔出保险销，开启器头阀，然后再双手握紧喷射枪，展开喷射软管，开启喷射枪阀喷射灭火剂。需要时可不断地开启或关闭喷射枪阀，间歇地喷射灭火剂。

3）当用ABC干粉灭火器扑救固体可燃物的火灾时，将灭火剂对准燃烧物由近而远喷射，并左右扫射，如条件许可，使用者可提着灭火器沿着燃烧物的四周边走边喷，使灭火剂完全地覆盖在燃烧物上，直至将火焰全部扑灭。

4）当用干粉灭火器扑救呈流淌燃烧的液体火灾时，应对准火焰根部由近而远，并左右扫射，同时使用者连同灭火器一同快速向前推进，直至把火焰全部扑灭。

5）当用干粉灭火器扑救在容器内燃烧的可燃液体时，使用者应对准火焰根部左右晃动扫射，使喷射出的干粉流覆盖整个容器的开口表面。当火焰被赶至容器的边缘时，使用者仍应继续喷射，直至将火焰全部扑灭。应避免直接对准液面喷射，防止喷流的冲击力使可燃液体溅出而扩大火势，造成灭火困难。如果当可燃液体在金属容器中燃烧时间过长，容器的壁温已高于被扑救可燃液体的自燃点，此时极易造成灭火后再复燃的现象，若与泡沫类灭火器联用，则灭火效果更佳。

（4）注意事项

1）干粉的粉雾对人的呼吸道有刺激作用，甚至会使人窒息，喷射干粉时，被干粉雾罩的区域内，特别是在有限空间内，不得有人、畜停留。

2）干粉灭火器不适用于在有精密仪器设备的场所或博物馆等处使用。因为残存的干粉不易清除，而且有腐蚀性。

3）干粉粉粒亲油性很强，扑救油类火灾时，粉粒一落到油面即被油类润湿，沉入油中。一旦干粉喷尽，即使很小的残存火，也会引燃整个油面。因此干粉灭火器的抗复燃性差，扑灭油类火后，应避免周围存在火种。

4）BC干粉灭火器不能扑救固体有机物质的火灾。

（5）维护与保养

1）灭火器应放置在通风、干燥、阴凉并取用方便的地方，环境温度在－20℃～55℃为好。不要受烈日暴晒，或受剧烈振动，且应避免与化学腐蚀物品接触。

2）定期检查灭火器的封记是否完好。如灭火器的封记损缺或一经开启，就必须按规定要求进行检查和再充装，并重新封记。

3）储压式灭火器应定期检查压力指示器的指针是否在绿区（见图1—48），如在红区或黄区应及时查明原因，检修后重新灌装。

4）灭火器再充装时，不同类型的干粉灭火剂绝对不能换装。

5）推车式灭火器应定期检查行走机构是否灵活可靠，并及时在转动部分加润滑油。

6）维护必须由经过培训的专人负责，维修和再充装应送专业维修单位进行。

图1—48　灭火器压力表

**4. 水基型灭火器**

水基型灭火器是以水为灭火剂基料的灭火器，主要有水型灭火器和泡沫灭火器两类。

（1）分类和结构。水基型灭火器，同样可按驱动形式分为储气瓶式和储压式，按移动方式分为手提式和推车式。其构造和喷射原理类同于干粉灭火器。

（2）用途

1）一般水基型灭火器主要适用扑救可燃固体有机物质的初起火灾，如纸张、木竹材料及其制品、纺织材料及其制品、橡塑材料及其制品引起的初起火灾，适宜配置于储有可燃固体有机物质的场所。如仓库、厂房、写字楼、公寓楼、体育场（馆）、影剧院、展览馆、档案馆、图书馆、商场等处。

2）对于有些在水中加了添加剂的水基型灭火器，能扑救可燃液体（B类）的初起火灾；抗溶性水基型灭火器还具有扑灭水溶性液体燃料火灾的能力，如甲醇、乙醇等引起的火灾，适宜配置于储有易燃液体的场所。如加油站、汽车库和实验室等处。

3）水基型灭火器还可以用于替代非必要场所的1211灭火器。

4）装配特殊喷雾喷嘴的水基型灭火器也适宜于扑救涉及带电设备的初起火灾。

（3）使用方法

1）使用手提式水基型灭火器时，可将灭火器携带至火场，如在室外使用，应选择在火焰的上风方向，在人可靠近的燃烧物处，拔出灭火器保险销，一只手握住喷射软管，一只手抓紧压把，开启灭火器喷射灭火剂。需要时不断地抓紧或放松压把，可间歇地喷射灭火剂。

2）使用推车式水基型灭火器时，可将灭火器推（或拉）至火场，在人可靠近的燃烧物处，展开喷射软管，然后，一只手握住喷射枪，一只手拔出保险销，开启瓶头阀，再双手握紧喷射枪，展开喷射软管，开启喷射枪阀喷射灭火剂。需要时不断地开启或关闭喷射枪阀，可间歇地喷射灭火剂。灭火时，将灭火剂对准燃烧物由近而远喷射，并左右扫，使用者推动灭火器快速向前推进，使灭火剂完全覆盖在燃烧物上。

3）当使用适用于可燃液体火灾的水基型灭火器来扑救容器内的液体火灾时，应将灭火剂对准容器壁喷射，使灭火剂自流覆盖在燃烧液体的表面，对火焰进行封闭。应避免直接对准液面喷射，防止喷流的冲击使可燃液体溅出而扩大火势，造成灭火困难。

（4）注意事项

1）应尽量避免蛋白泡沫对燃料表面的冲击作用，以防蛋白泡沫潜入燃料中，影响灭火效果。

2）对于极性液体燃料（如甲醇、乙醇等）引起的火灾，只能使用抗溶性水基型灭火器。

3）水基型灭火器一般不适用于涉及带电设备的火灾，除非装配特殊喷雾喷嘴的，经电绝缘性能试验证实后，才可以应用于涉及带电设备的火灾。

4）对于可燃固体粉尘的火灾，只能用喷雾水扑救；如用直流水，则可能把燃烧物冲散，形成爆炸混合物，有发生粉尘爆炸的危险。

5）雾状水（指水滴直径在 0.01～0.1 mm 之间）能有效扑救沸点在 80℃以上的小面积可燃液体火（即 B 类火）。但是沸点在 80℃以下的可燃液体引发的 B 类火不宜用水扑救。

6）使用有添加剂的水基型灭火剂能缩短灭火时间，减少用水量，提高灭火效率，这对节约水资源是非常重要的。

（5）维护与保养。水基型灭火器维护保养方法与干粉灭火器基本相同。

### 5. 二氧化碳灭火器

二氧化碳灭火器是以二氧化碳气体为灭火剂的灭火器，靠二氧化碳灭火剂的蒸气压力驱动。按移动方式分为手提式二氧化碳灭火器（见图 1—49）和推车式二氧化碳灭火器（见图 1—50）两种。

图 1—49　手提式二氧化碳灭火器

图 1—50　推车式二氧化碳灭火器

（1）结构。二氧化碳灭火器的结构和喷射原理类同于储压式干粉灭火器。

（2）用途

1）适用于扑救可燃液体、可燃气体的初起火灾。如石油及其制品、酒精、液化石油气等。

2）具有一定的电绝缘性能，能扑救涉及 600 V 以下带电设备的初起火灾。

3）最大特点是灭火后不留痕迹，适宜配置于储有易燃液体、可燃气体的实验室、民用的油浸变压器室和高、低配电室等场所。

4）二氧化碳灭火器还可以用于替代非必要场所的 1211 灭火器。

（3）使用方法

1）使用手提式二氧化碳灭火器时，可将灭火器携带至火场，在人可靠近的燃烧物处，拔出灭火器保险销，一只手握住喇叭筒上部的防静电手柄，一只手抓紧压把，开启灭火器。

2）对没有喷射软管的二氧化碳灭火器，应把与喇叭喷筒相连的金属连接管往上扳动 70°～90°，使喇叭喷筒呈水平状。使用时，不能直接用于抓住喇叭喷筒外壁或金属连接管，防止手被冻伤。需要时不断地抓紧或放松压把，可间歇地喷射灭火剂。

3）应设法使二氧化碳集中在燃烧区域以达到灭火浓度。在室外使用的，应选择在上风方向喷射，使灭火剂完全地覆盖在燃烧物上，直至将火焰全部扑灭。

4）当扑救在容器内燃烧的可燃液体时，应使喷射出的二氧化碳灭火剂笼罩在整个容器的开口表面，但应避免直接冲击液面，防止可燃液体溅出而扩大火势，造成灭火困难。

5）使用推车式二氧化碳灭火器，一般宜两人操作，使用时由两人一起将灭火器推（或拉）至火场，在人可靠近的燃烧物处，一人快速取下喇叭喷筒并展开喷射软管后，握住喇叭筒上部的防静电手柄，另一人快速拔出保险销，按顺时针方向旋开器头手轮阀，并开到最大位置。灭火方法与手提式灭火的方法相同。

（4）注意事项

1）不宜在室外有大风或室内有强劲空气流处使用，否则二氧化碳会快速地被吹散而影响灭火效果。

2）在狭小的密闭空间使用后，使用者应迅速撤离，否则易窒息。

3）使用时应注意，不能直接握住喇叭喷筒，以防冻伤。

4）二氧化碳灭火剂喷射时会产生干冰（固态二氧化碳），使用时应考虑其会产生的冷凝效应。

5）二氧化碳灭火器的抗复燃性差。因此，扑灭火后，应避免周围存在火种。

6）不适宜扑救固体有机物质的火灾。

(5) 维护与保养

1) 灭火器应放置在通风、干燥、阴凉并取用方便的地方，环境温度在－20℃～55℃为好。不能经受烈日暴晒或受剧烈震动，不得接近火源，且应避免与化学腐蚀物品接触。

2) 定期检查灭火器的封记是否完好。如灭火器的封记损缺或一经开启，就必须按规定要求进行检查和再充装，并重新封记。

3) 每次使用后或每隔五年，应送维修单位进行水压试验。水压试验压力应与钢瓶肩部所打钢印的数值相同。水压试验同时还应对钢瓶的残余变形率进行测定。只有水压试验合格且残余变形率小于6%的钢瓶才能继续使用。

4) 推车式灭火器应定期检查行走机构是否灵活可靠，并及时在转动部分加润滑油。

5) 维护必须由经过培训的专人负责，维修和再充装应送专业维修单位进行。

**6. 洁净气体灭火器**

洁净气体灭火器是指使用洁净气体灭火剂的灭火器。洁净气体灭火剂是非导电的气体或汽化液体的灭火剂，这种灭火剂能蒸发，不留残余物。已有的产品主要是1211（哈龙）灭火器，因其灭火剂破坏大气臭氧层，我国已于2005年全面淘汰。现在保有或利用回收哈龙灭火剂生产的1211灭火器，仅限于在国家指定的必要场所使用。

(1) 结构。该类灭火器为储压式结构，按移动方式分为手提式灭火器和推车式灭火器两种。其结构和喷射原理类同于储压式干粉灭火器。

(2) 用途

1) 主要用于扑救易燃、可燃液体、气体及涉及带电设备的初起火灾。如石油及其制品、酒精、液化气等引起的初起火灾。

2) 充装量大于4 kg的洁净气体灭火器也能对固体物质表面火灾进行扑救。如竹、木、纸、织物等引起的火灾。

3) 由于此种灭火器灭火后不留残余物，不污染被保护物，适宜配置于储有精密仪表、计算机、珍贵文物及贵重物资等场所，也适宜配置于飞机、汽车、轮船、宾馆、医院等场所。

(3) 使用方法。洁净气体灭火器使用方法与干粉灭火器相同。

(4) 注意事项

1) 不宜在室外有大风或室内有强劲空气流处使用，否则气体会快速地被吹散而影响灭火效果。

2) 大多数气体灭火剂的蒸气及热分解气体都有一定的毒性，如在室内使用后，使用者应迅速撤离。

3) 大多数气体灭火剂喷射时会产生冷凝效应，喷射时应注意防止冻伤。

4) 气体灭火器的抗复燃性差，灭火后应消除周围存在的火种，避免复燃。

（5）维护与保养。洁净气体灭火器的维护保养方法与干粉灭火器基本相同。

7. 维修保养

（1）维修期限和报废年限。为了保证灭火器筒体的耐压强度，灭火器无论是否开启使用过，达到规定年限后必须进行维修检查（见表1—3）或报废（见表1—4）（灭火器的筒体上有生产日期）。

表1—3　灭火器的维修期限

| 灭火器类型 | | 维修期限 |
|---|---|---|
| 水基型灭火器 | 手提式水基型灭火器 | 出厂期满3年<br>首次维修以后每满1年 |
| | 推车式水基型灭火器 | |
| 干粉灭火器 | 手提式（储压式）干粉灭火器 | 出厂期满5年<br>首次维修以后每满2年 |
| | 手提式（储气瓶式）干粉灭火器 | |
| | 推车式（储压式）干粉灭火器 | |
| | 推车式（储气瓶式）干粉灭火器 | |
| 洁净气体灭火器 | 手提式洁净气体灭火器 | |
| | 推车式洁净气体灭火器 | |
| 二氧化碳灭火器 | 手提式二氧化碳灭火器 | |
| | 推车式二氧化碳灭火器 | |

表1—4　灭火器的报废期限

| 灭火器类型 | | 报废期限（年） |
|---|---|---|
| 水基型灭火器 | 手提式水基型灭火器 | 6 |
| | 推车式水基型灭火器 | |
| 干粉灭火器 | 手提式（储压式）干粉灭火器 | 10 |
| | 手提式（储气瓶式）干粉灭火器 | |
| | 推车式（储压式）干粉灭火器 | |
| | 推车式（储气瓶式）干粉灭火器 | |
| 洁净气体灭火器 | 手提式洁净气体灭火器 | |
| | 推车式洁净气体灭火器 | |
| 二氧化碳灭火器 | 手提式二氧化碳灭火器 | 12 |
| | 推车式二氧化碳灭火器 | |

（2）维修。在需要维修时，用户可送生产单位修理，灭火器筒体上有生产厂的厂名、厂址和电话。若要选择专业维修点，应考核其维修技术能力和质量管理体系。目前在购买灭火器时，消费者可自行选择售后维修服务有保障的生产者、销售者。

在使用保养或验收产品时，一般应注意以下几方面：

1）灭火器压力表（见图 1—51）的外面是否有变形、损伤等缺陷，压力表的指针是指在绿区（绿区为设计工作压力值），二氧化碳灭火器采用称重方法检查。

图 1—51　灭火器压力表

2）灭火器喷嘴是否有变形、开裂、损伤等缺陷，如有缺陷应以更换。

3）灭火器的压把、阀体等不得有损伤、变形、锈蚀等影响使用的缺陷，如有缺陷必须更换。

4）灭火器的筒身和储气瓶上应分别贴有维修者的永久性维修铭牌，铭牌的位置在灭火器生产厂贴画的背面筒身上。铭牌上维修者的名称、筒体水压试验压力值（这是检验灭火器安全检查性能的重点项目）、维修日期等内容应清晰。每次维修铭牌的粘贴不得相互覆盖。

5）严禁将已到报废年限的灭火器继续使用或维修后再使用。

# 第 3 节　供 水 器 材

## 一、供水管路及附件

### 1. 消防水带

（1）分类

1）消防水带（见图 1—52）按衬里材料分为橡胶衬里消防水带、乳胶衬里消防水带、

图 1—52　消防水带

聚氨酯（TPU）衬里消防水带、PVC 衬里消防水带和消防软管。

2）消防水带按承受工作压力分为 0.8 MPa、1.0 MPa、1.3 MPa、1.6 MPa、2.0 MPa 和2.5 MPa 的消防水带。

3）消防水带按口径分为内径 25 mm、40 mm、50 mm、60 mm、80 mm、100 mm、125 mm、150 mm 和 300 mm 的消防水带。

4）消防水带按使用功能分通用消防水带、消防湿水带、抗静电消防水带、A 类泡沫专用水带和水幕水带（见图 1—53）。

（2）组成和特点

1）消防水带组成结构如图 1—54 所示。

图 1—53　水幕水带

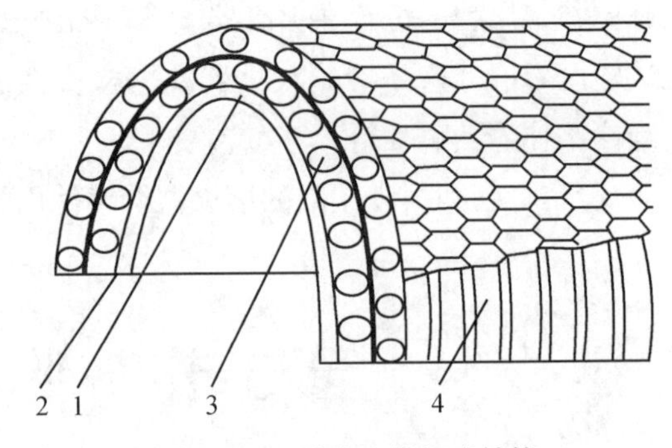


图 1—54　消防水带组成结构

1—衬里　2—黏合剂　3—经线　4—纬线

2）通用消防水带的特点

①橡胶衬里消防水带的特点。橡胶衬里消防水带具备耐压高、流阻低、耐气候性优良、应用广泛等特点。

②聚氨酯衬里消防水带的特点。聚氨酯衬里消防水带具备耐压高、质量轻、耐寒性优异、使用方便等特点。

③乳胶衬里消防水带的特点。乳胶衬里消防水带具备柔软性好、耐气候性优良等特点。

④PVC 衬里消防水带的特点。PVC 衬里消防水带具备质量轻、使用方便等特点。

3）消防湿水带的特点。消防湿水带在一定的工作压力下，周身能均匀渗水湿润，在火场起到保护作用。

4）抗静电消防水带的特点。抗静电消防水带具备耐压高、质量轻、耐寒性优异、使用方便等特点，同时又具备了抗静电的能力。

5）A 类泡沫专用水带的特点。A 类泡沫专用水带的内层略微粗糙，使 A 类泡沫在水带中流动时，形成一个空气层。

6）水幕水带的特点。水幕水带（见图1—55）是在整根水带上，均匀的间隔打上一排孔。当水带接上水源后，在压力下水从各个孔中喷出，形成一个水幕（水帘）。用以隔绝易燃易爆气体或其他有毒有害气体。

（3）附件

1）水带包布是一端装有金属夹钳的帆布带，用于包裹水带上的局部破损处，防止破孔扩大，保证正常供水。

水带挂钩是一端装有金属钩，另一端装有金属半环的帆布带，用于水带向高处垂直铺设时减少水带的下坠力。

水带包布及水带挂钩如图1—56所示。

图1—55　消防水幕水带

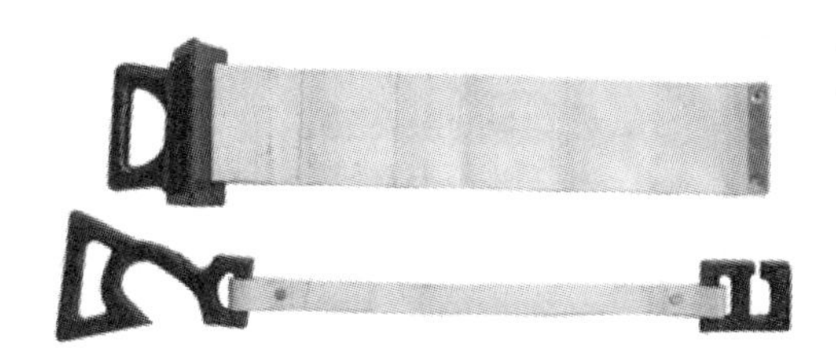

图1—56　水带包布及水带挂钩

2）水带护桥（见图1—57和图1—58）是保护正在输水的水带不被通过的车辆轧压损坏的装置。水带护桥有木质水带护桥、橡胶水带护桥等。木质水带护桥由三块木垫块及连接带组成，木垫块之间有让水带通过的通道。

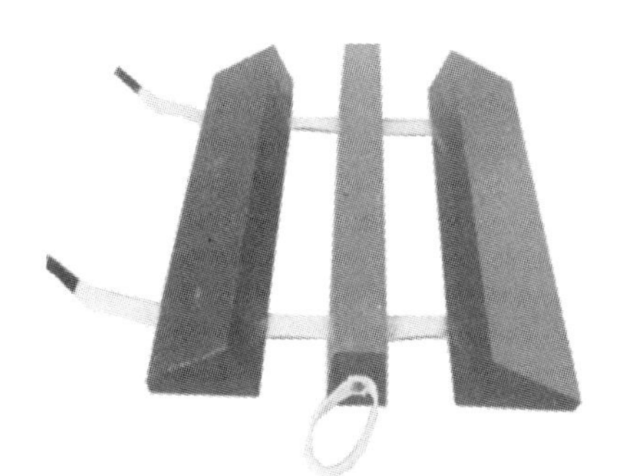

图1—57　木质水带护桥

图1—58　橡胶水带护桥

（4）适用范围及使用、维护和日常检查

1）消防水带的适用范围。消防水带能广泛用于建筑内外的火场铺设，输送水和灭火药剂进行灭火战斗。同时，在水源缺乏的地区，消防水带还可进行远距离向消防车和灭火现场提供水源。

2）消防水带的使用与维护

①应在消防水带上注明的工作压力（使用压力）之内使用，过高的压力，会造成水带破裂、损伤或缩短消防水带的使用寿命，而且存在发生人身事故的危险。

②铺设时应避免骤然曲折，以防止降低耐水压的能力；还应避免扭转，以防止充水后水带转动而使内扣式水带接口脱开。

③充水后应避免在地面上强行拖拉，特别需要避免消防水带与钉子、玻璃片等锐器接触。需要改变位置时要尽量抬起移动，以减少水带与地面的磨损。

④应避免与油类、酸、碱等有腐蚀性的化学物品接触。

⑤在可能有火焰或强辐射热的区域，应采用消防湿水带。

⑥应尽量避免硬的重物压在水带上，车辆需通过铺设中的水带时，应事先在通过部位安置水带护桥。

⑦铺设时如通过铁路，水带应从铁轨下面通过。

⑧寒冷地区建筑物外面使用消防水带，应注意水带冻结现象。

⑨用毕后应清洗干净，盘卷保存于阴凉干燥处。

3）日常检查。使用后必须进行外观检查，消防水带编织层的纬线受到损伤后，应立即进行水压试验，确保消防水带的使用性能。同时还应检查接口安装情况。消防水带的外伤和接口部分的损伤可能会造成消防水带的破坏和接口脱落，从而贻误战机，甚至造成人身伤害。

**2. 供水管路及附件**

（1）消防接口

1）概况。消防接口包括消防水带接口、消防吸水管接口和各种异径接口、异型接口、闷盖等。

目前国际上的消防接口也主要采用内扣式接口（德式）（见图 1—59）、卡式接口（日式）（见图 1—60），卡式接口（英式）（见图 1—61）和螺纹式（美式）（见图 1—62）消防接口。

2）分类

①按连接方式可分为：内扣式消防接口、卡式消防接口（见图 1—63）、螺纹式消防接口。

图 1—59　内扣式消防接口（德式）

图 1—60　卡式消防接口（日式）

图 1—61　卡式消防接口（英式）

图 1—62　螺纹式消防接口（美式）

②按接口用途可分为：水带接口、管牙接口（见图 1—64）、内螺纹固定接口（见图 1—65）、外螺纹固定接口、闷盖（见图 1—66）、吸水管接口、同型接口、异径接口（见图 1—67）、异型接口等。

图 1—63　卡式消防接口

3）使用与维护

①消防接口使用时应确保接口之间的连接是可靠的，接口与水带之间、接口与水枪之间、接口与消火栓之间、接口与消防水泵接合器之间等，连接是可靠的方能使用。

图 1—64　管牙接口

图 1—65　内螺纹接口

图 1—66　闷盖

图 1—67　异径接口

②经常检查接口内是否有垫圈。连接管牙接口时，要检查接口内垫圈是否完整好用，注意密封。防止接口碰撞，影响正常的连接。

③平时不得与酸碱等化学物品混放，远离热源，以防橡胶件老化。

（2）消防球阀。消防球阀（见图 1—68）是消防供水管路和消防车出水管路中普遍采用的控制阀门。

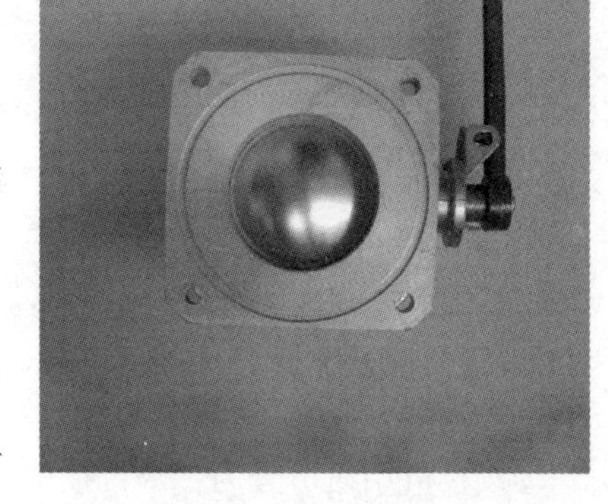

图 1—68　消防球阀

1）分类

①按密封形式可分为单向密封和双向密封。

②按其与管道的连接形式可分为二端法兰、二端螺纹、一端法兰和一端螺纹。

2）操作性能。消防球阀一般应装有手轮或手柄。消防球阀的启闭应轻便灵活，在进出口压差为公称压力值时，启闭消防球阀的力不得大于 350 N。当消防球阀关闭时，手轮或手柄一般应顺时针方向旋转。带手柄的消防球阀在全开启位置时，手柄一般应与球体通道平行。手轮或手柄应安装牢固，并在需要时可方便地拆卸或更换。消防球阀应有全开和全关的限位结构。

3）使用与维护。消防球阀的安装应保证前后管道同轴，两法兰密封面应平行，密封面与管道的连接应无渗漏，管道应能承受球阀的重力，否则管道上必须配有适当的支撑，应把阀前后管线吹扫干净，清除掉管道内的油污、焊渣和一切其他杂质，检查阀孔清除可能有的污物，然后清洗阀孔。阀座与球之间即使仅有微小颗粒的异物也可能会损伤阀座密封面。应经常启、闭球阀数次，证实灵活、无滞涩、工作正常。

维修清洗时，应考虑清洗剂与球阀中的橡胶件、塑料件、金属件及工作介质等均相容。非金属零件用纯净水或酒精清洗。使用润滑脂（或润滑油）润滑时，润滑脂（或润滑油）应与球阀金属材料、橡胶件、塑料件及工作介质均相容。

（3）分水器

分水器是将消防供水干线的水流分出若干支线水流所必需的连接器具。

1）分类和组成。目前我国的分水器主要分为二分水器和三分水器两类，分别如图1—69和图1—70所示。

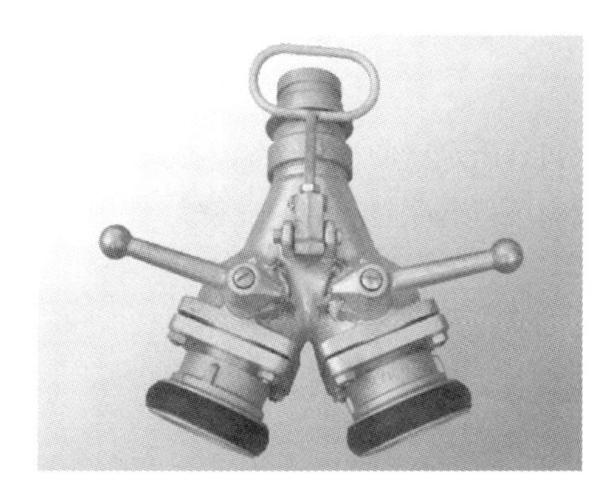

图1—69　二分水器

图1—70　三分水器

分水器主要有本体、出水口的控制阀门、进水口和出水口连接用的管牙接口、密封圈等组成。

2）主要技术要求

①密封性能。分水器每个出水口的控制阀门和各连接部位在1.6 MPa水压下保压2 min应无渗漏现象。

②水压强度。在2.4 MPa水压下保压2 min，分水器本体不允许有渗漏现象，其他部件不允许有影响正常使用的残余变形。

3）使用与维护。使用分水器之前，要检查管牙接口是否完好，开关转动是否灵活。使用时要轻拿轻放，防止损坏。严冬，要设法保温，防止冻结失灵。使用后要用清水洗净擦干，保持光亮，开关处加注润滑油，以备再用。存放时不得与酸碱等化学物品混放。

(4）集水器。集水器（如图1—71所示）是将消防水带输送的两股或两股以上的正压水流合成一股所必需的连接器具。

图1—71　集水器

1）产品组成。集水器主要有本体、进水口的控制阀门（单向阀或球阀）、进水口连接用的管牙接口、出水口连接用的螺纹式接口、密封圈等组成。

2）主要技术要求

①密封性能。集水器每个进水口的控制阀门和各连接

部位在 1.6 MPa 水压下保压 2 min 应无渗漏现象。

②水压强度。在 2.4 MPa 水压下保压 2 min 集水器本体不允许有渗漏现象，其他部件不允许有影响正常使用的残余变形。

3）使用与维护。使用时轻拿轻放，不得摔压，防止因变形而影响连接。使用后要用清水洗净擦干，保持光亮以备再用。

接口应接装灵活，松紧适度。要经常检查进水口、出水口的橡皮垫圈。发现损坏要及时调换。进水口的单向阀向两边摆动灵活，各个部位不得有断裂和变形现象。

存放时不得与酸碱等化学物品混放，以免腐蚀。

## 二、吸水管路及附件

### 1. 消防吸水管

消防吸水胶管（见图 1—72）是供消防车从天然水源或室外消火栓吸水用的胶管。

（1）分类

1）胶管按其内径分为 50 mm、65 mm、80 mm、90 mm、100 mm、125 mm、150 mm 七种规格，常用 100 mm。每种规格胶管按工作压力分为 0.3 MPa 和 0.5 MPa 两种。

2）按使用方式可分为直管式胶管和盘管式胶管。直管式胶管的标准长度为 2 m、3 m、4 m，盘管式胶管的标准长度为 8 m、10 m、12 m，胶管长度公差应为标准长度的±2%。

（2）组成。消防吸水管（见图 1—73）由内胶层、增强层和外胶层组成。增强层应由织物材料组成，可以带有螺旋金属钢丝或其他材料。

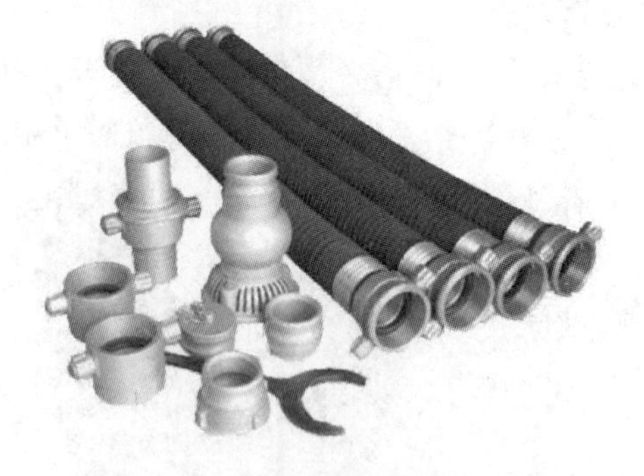

图 1—72　消防吸水胶管及相关配件

图 1—73　消防吸水管

（3）使用要求

1）安装。在安装吸水管时，其弯曲处不应高于水泵的进水口，以免出现空气影响出水。

2）铺设。铺设吸水管时，应使管线短些，避免骤然折弯；水泵离水面的垂直距离尽可能小一些；不要在地面上硬拖拉，以免损伤表面胶层；更不要触及有腐蚀性的化学物品，防止吸水管变质；尽可能避免车辆碾压，以免胶管变形。

3）接口。吸水管接口应避免碰撞和泥沙堵塞，妨碍连接。

4）连接。连接吸水管时，要检查接口内橡胶密封圈是否完好无损，要注意密封，保证应有的气密性。

5）取水。从消火栓取水时，应缓慢开启消火栓，减少水锤的冲击力。从露天水源取水时，滤水器距水面的深度应在20～30 cm，防止在水面上形成漩涡吸进空气，但不要触及水底，防止泥沙吸进水泵。

6）过滤。当水源含有大量杂物时，在滤水器上要套上滤水筐。

7）摆放。吸水管每次使用后，要及时刷洗、晾干，放在平整的地方，保证各部件完整好用。

（4）维护保养。消防吸水管应存放在温度、湿度适宜的地方，温度应在0～25 ℃范围内，库房内空气湿度应为80%；不应放在室外暴晒、雨淋，最好单独存放，不应堆放，更不应与酸、碱等化学物品混放，不要靠近热源。每季度要翻动一次，防止发霉变质。

**2. 消防吸水管附件**

消防吸水管附件主要有接口、滤水器和扳手。

（1）吸水管接口。吸水管接口（见图1—74）是用于吸水管之间连接或吸水管与其他设备连接的接头。目前国内常用的为螺纹式接口，但近几年在某些场合开始使用内扣式接口，在一些特殊场合还有使用卡式吸水管接口的，使用的内扣式接口和卡式接口应符合相应的接口标准。

（2）滤水器。滤水器（见图1—75）是消防水泵或消防车从天然水源吸水时，安装在吸水管末端，以阻止杂物进入水泵，以保障水泵正常运转的器具。

图1—74　消防吸水管接口

图1—75　滤水器

（3）吸水管扳手。吸水管扳手（见图 1—76）是用于装卸吸水管的工具。国内使用的吸水管扳手基本是由碳钢制成的。

## 三、机动消防泵

### 1. 概述

手抬机动消防泵（见图 1—77）所采用的动力多为汽油发动机。因为汽油机具有比功率大、质量轻、结构简单、使用维护简便、启动快、搬运和使用灵活等特点，故广泛应用在工矿企业、仓库货场、农村集镇等处扑灭火灾之用，也可作为城建、邮电工程上良好的抽排水机具使用。

图 1—76　消防吸水管扳手

图 1—77　手抬机动消防泵

### 2. 手抬机动消防泵组的主要部件

手抬机动消防泵一般是由汽油机、单级离心泵、引水装置、泵框架、进水部件、出水部件组成（见图 1—78）。

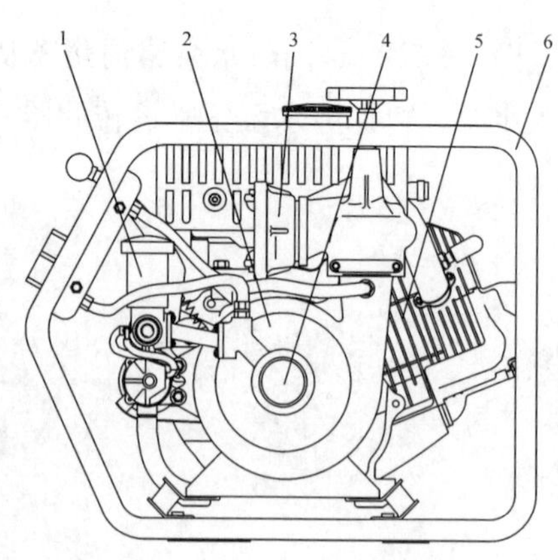


图 1—78　手抬机动消防泵的组成

1—引水装置　2—单级离心泵　3—泵出水口　4—泵进水口　5—汽油机　6—泵框架

# 第4节　登高器材

## 一、单杠梯

单杠梯是一种轻便的登高工具，其特点是体积小、质量轻，可以拼合为单根木杠的形状。单杠梯使用时将一端撞地，即张开成梯。单杠梯适用于狭窄区域或室内登高作业，还可跨沟越墙和代替担架使用。

单杠梯由两侧板和梯磴组成，侧板两端包有铁皮，可用来撞击建筑结构。单杠梯展开和收起的外形如图1—79所示。

单杠梯工作长度为3 m±0.1 m，梯宽（两侧板内侧之间的距离）≥250 mm，质量≤12 kg。

## 二、拉梯

拉梯又称伸缩梯，有二节拉梯和三节拉梯两种类型。

### 1. 二节拉梯

(1) 结构和主要参数。二节拉梯（见图1—80）由上节梯、下节梯和升降装置组合而成。升降装置主要包括拉绳、滑轮和制动器（又称阻退器）。

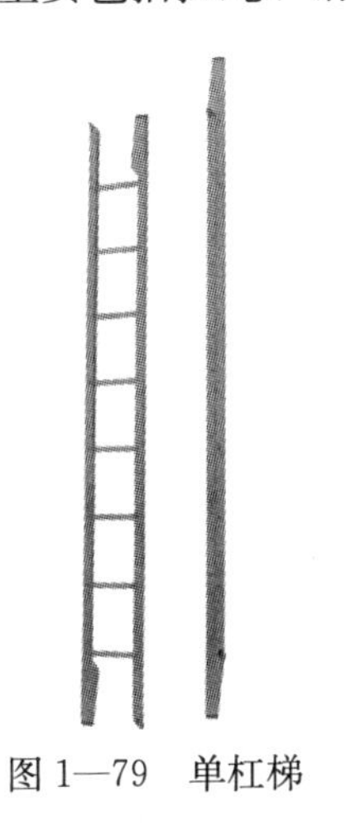
图1—79　单杠梯

图1—80　二节拉梯

二节拉梯工作长度6 m±0.2 m，梯宽≥300 mm，质量≤35 kg；或工作长度9 m±

0.2 m，梯宽≥300 mm，质量≤53 kg。

（2）使用方法

1）根据实际需要，确定拉梯大致所需的工作高度，然后确定梯脚在地面上的位置，此位置离墙的距离约为本次拉梯大致所需工作高度的1/4左右，使拉梯展开后与地面的夹角为75°左右。

2）二节拉梯使用时必须由两人操作，一人站在靠墙一面，双手扶住下节梯两侧，上节梯靠向墙壁。另一人站在消防梯外侧，用力拉动拉绳，上节梯即可逐渐升起。

3）当达到使用高度时，将拉绳向上松一下（注意此时手不要离开拉绳），撑脚便会自动撑在梯磴上并锁住，接着将绳子扎紧在下节梯的任一个梯磴上，以增加梯子的安全系数。拉梯靠墙后，保护梯子的人员应站在靠墙的一面扶梯并注意保护撑脚，然后登梯人员方可进行攀登。

4）工作完毕需要收梯时，向下拉动拉绳将梯子上升15 cm左右，使撑脚离开梯磴，然后向上缓慢放松尼龙绳，梯子便会下降缩合。此时切勿突然放松拉绳，以防自锁及冲击制动器。正确方法是两只手交替放松绳子，使上梯节平稳下降。

**2. 三节拉梯**

（1）结构和主要技术参数。三节拉梯（见图1—81）由上、中、下三个梯节、支撑杆以及升降装置组合而成。三节拉梯的上节梯纳入中节梯，中节梯纳入下节梯，梯节的连接和活动采用轨道式结构，中节梯的侧板上有滑槽，上节梯的侧板下端装有金属导板。使用时，拉动拉绳进行升降，上节梯在中节梯中滑动，中节梯在下节梯上滑动，各梯节间以制动器限位。支撑杆主要起辅助支撑作用。

图1—81　三节拉梯

三节拉梯工作长度12 m±0.3 m，梯宽≥350 mm，质量≤95 kg；或工作长度15 m±0.3 m，梯宽≥350 mm，质量≤120 kg。

（2）使用方法

1）根据实际需要，确定拉梯大致所需的工作高度，然后确定梯脚在地面上的位置，此位置离墙的距离约为本次拉梯大致所需工作高度的1/4左右，使拉梯展开后与地面的夹角为75°左右。

2）三节拉梯使用时必须由两人操作，先将两根支撑杆支起，然后一人站在靠墙一面，双手扶住下节梯两侧，上节梯靠向墙壁。另一人站在消防梯外侧，用力拉动拉绳，上、中节梯即可逐渐升起。

3）当达到使用高度时，将拉绳向上松一下（注意此时手不要离开拉绳），撑脚便会自动撑在梯磴上并锁住，接着将绳子扎紧在下节梯的任一个梯磴上，以增加梯子的安全系数。然后将两根撑在地面的支撑杆抬起调整一下，再撑回地面，便可将整个拉梯紧紧地靠在墙上。拉梯靠墙后，保护梯子的人员应站在靠墙的一面扶梯并注意保护撑脚，然后登梯人员方可进行攀登。

4）工作完毕，需要收梯时，向下拉动拉绳将梯子上升 15 cm 左右，使撑脚离开梯磴，然后向上缓慢放拉绳，梯子便会下降缩合。此时切勿突然放松拉绳，以防自锁及冲击制动器，正确方法是两只手交替放松绳子，使上、中梯节平稳下降。

## 三、注意事项与维护保养

### 1. 注意事项

（1）单杠梯、挂钩梯的最大使用人数为一人；拉梯及其他结构消防梯的最大使用人数为两人。

（2）消防梯从消防车上卸下后，应放置在建筑物安全地带。在日常操练时应选取立梯地点，地面应平整坚实、不滑。立梯时要注意掌握平衡。

（3）消防梯的安全使用角度为 70°～76°，最佳使用角度为 75.5°。

（4）拉梯两侧的支撑杆应同时使用且支撑角度一致。只使用一个支撑杆会引起梯子的人为扭曲，影响攀爬者的安全并将导致梯子的永久性损害。

（5）拉梯升起靠墙后，应将拉绳拉紧并绑扎在梯磴上，然后才能上人登梯作业。

（6）拉梯护梯人应站在拉梯与墙体之间，用双手扶住两边侧板的外沿，并注意观察制动器撑脚的支撑情况。

（7）拉梯严禁悬空上人登梯作业。

（8）拉梯展开后严禁搭桥过人。

（9）在灭火战斗中要尽可能将消防梯靠在建筑物的外墙或防火墙上。邻近明火区域使用消防梯时，应用水流加以冷却保护。

（10）灭火救援用梯和训练用梯应分开存放，并有显著标志予以区分。

### 2. 维护保养

（1）消防梯日常应始终保持战斗准备状态。

（2）消防梯每次使用前后应进行检查，发现问题后应立即停用待修或报废。检查应至少包括下列项目：

1）所有梯磴的紧固性。

2）所有螺栓和铆钉的紧固性。

3）焊接部件的焊缝是否出现开裂。

4）侧板和梯磴是否出现松动、裂缝、断裂、擦伤或变形。

5）各连接处是否出现松动、磨损或者其他缺陷。

6）拉梯的拉绳是否出现断裂或损坏，撑脚是否出现磨损，撑脚的支撑和闭锁装置是否灵活可靠。

（3）消防梯应根据厂家的使用说明定期进行维护保养。使用两年后，应按标准检测合格，方可继续使用。

（4）消防梯梯身较重，用后应平整地放在干燥的室内，严禁露天存放，不宜侧斜立放，以免日久变形。

（5）消防梯应保持清洁干燥，运动部位需涂抹机油，以防生锈，滑轮或活动铁角、滑槽处加油润滑，保证滑动良好，以防零件磨损。梯子的撑脚是梯子升降的主要部件，应经常加润滑油，并清除上面因磨损而产生的毛刺，以保证梯子下降灵活。

# 第5节　固定消防设施

## 一、室内消火栓

室内消火栓是扑救建筑室内火灾的主要设施，通常安装在消火栓箱内，与消防水带和水枪等器材配套使用，是我国使用最早和最普通的消防设施之一，在消防灭火的使用中因性能可靠、成本低廉而被广泛采用。

### 1. 概述

（1）概况。室内消火栓产品作为消防给水系统的主要设施，它不仅供专业消防人员使用，也供非专业人士扑救初期火灾时使用，如果这一设施安装布置合理，在火灾发生的初期可利用室内消火栓有效地控制火势，最大限度地减少火灾损失。

图1—82　单栓阀

（2）分类。室内消火栓按出水口方式可分为单出口室内消火栓和双出口室内消火栓。

室内消火栓按栓阀数量可分为单栓阀室内消火栓（见图1—82）和双栓阀室内消火栓（见图1—83）。

图 1—83　双栓阀

（3）适用范围。低层建筑室内消火栓，一般供居民扑救初起火灾使用，布置在楼梯间附近，以利于居民利用水枪扑救，有利于居民疏散。

高层建筑室内消火栓既用于扑救初起火灾，又可在消防队员扑救大火时使用。它的布置应根据高层建筑扑救火灾行动规律的要求进行。

**2. 使用与维护**

（1）使用。使用时将室内消火栓出水口与水带连接，水带的另一端与水枪连接，然后把消火栓手轮顺开启方向旋开，即能喷水扑救火灾。

（2）维护保养。由于室内消火栓常年处于闲置状态，一旦发生火灾，应保证其不丧失功能，否则必将延误战机，因此应定期对室内消火栓进行维护和保养。平时应经常检查室内消火栓的完好性，检查有无锈蚀、渗漏现象，检查消火栓与固定接口间的密封件是否老化并及时更换。阀杆上应经常加注润滑油。定期开启消火栓放水并检查其密封性，其方法为：

1）检查消火栓的主密封情况，即关闭消火栓检查出口是否有渗漏现象。

2）用固定接口闷盖封住消火栓出口，打开消火栓，检查消火栓所有密封部位是否有渗漏现象。对于 SNZ 型室内消火栓应定期旋转其转动部位，检查是否有锈死现象。

## 二、室外消火栓

室外消火栓就是安装在室外的、当出现火情时供消防部门取水灭火的一种装置。

**1. 分类**

（1）消火栓按其安装场合可分为地上式（见图 1—84）和地下式（见图 1—85）两种。

（2）消火栓按其进水口连接形式可分为承插式和法兰式两种。

（3）消火栓按其进水口的公称通径可分为 100 mm 和 150 mm 两种。

（4）消火栓按公称压力可分为 1.0 MPa 和 1.6 MPa 两种，其中承插式的消火栓为 1.0

MPa、法兰式的消火栓为 1.6 MPa。

图 1—84　地上式消火栓

图 1—85　地下式消火栓

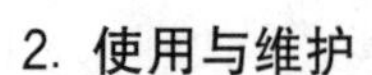

**2. 使用与维护**

（1）地上消火栓。地上式消火栓（见图 1—86）由本体、进水弯管、阀塞、出水口、排水口等组成，阀体的大部分露出地面，具有目标明显、易于寻找、出水操作方便等特点，适宜于气候温暖地区安装使用。地上式消火栓应有 1 个 DN150 mm 或 DN100 mm 和 2 个 DN65 mm 的栓口。其中两个 65 mm 出口为内扣式接口，供接水带使用；另一个 150 mm 或 100 mm 的出口为螺纹接口，供接消防车吸水胶管。

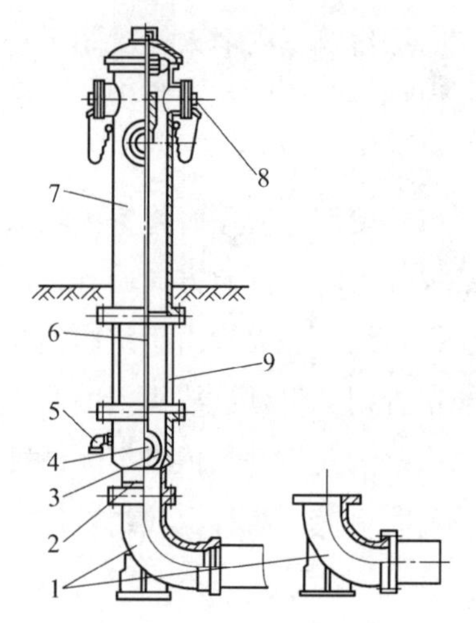


图 1—86　地上式消火栓构造

1—弯管　2—阀体　3—阀座　4—阀瓣　5—排水阀　6—阀杆　7—本体　8—接口　9—法兰接管

1）使用方法。$\phi$100 mm、$\phi$150 mm 出水口专供灭火消防车吸水之用。$\phi$65 mm 出水口供连接水带后放水灭火时用。当使用一个 $\phi$100 mm 或 $\phi$150 mm 出水口时，必须将两个 $\phi$65 mm 出水口关紧，使用 $\phi$65 mm 出水口时，必须将不用的出水口关紧，防止漏水影响水流压力。使用时用五角扳手按逆时针方向旋转，把螺杆旋到最大位置。这时阀门被打开，排放余水装置被自行关闭，水就不会从下部排水弯头泄漏。按顺时针方向旋转，阀门就会关闭，排放余水装置自行开启，排除积水。

2）维护保养。消火栓一般都装在露天，常年受日晒雨淋。因此外表油漆日久易遭剥蚀，从而导致外表生锈，所以要定期整修油漆以延长使用年限。要定期在螺纹处涂上润滑油脂以免锈死，保证完好。

（2）地下消火栓。地下式消火栓（见图 1—87）由本体、进水弯管、阀塞、螺杆、螺杆螺母、出水口、排水口等组成，具有防冻、不易遭到人为损坏、便利交通等优点，但目标不明显，操作不便，适用于气候寒冷地区。采用室外地下式消火栓要求在附近地面上应有明显的固定标志，以便于在下雪等恶劣天气寻找消火栓。另外，室外地下式消火栓应有DN100 mm和DN65 mm的栓口各1个，其中直径100 mm接口供接消防车的吸水胶管，直径65 mm接口供接消防水带。寒冷地区设置的室外消火栓应有防冻措施。

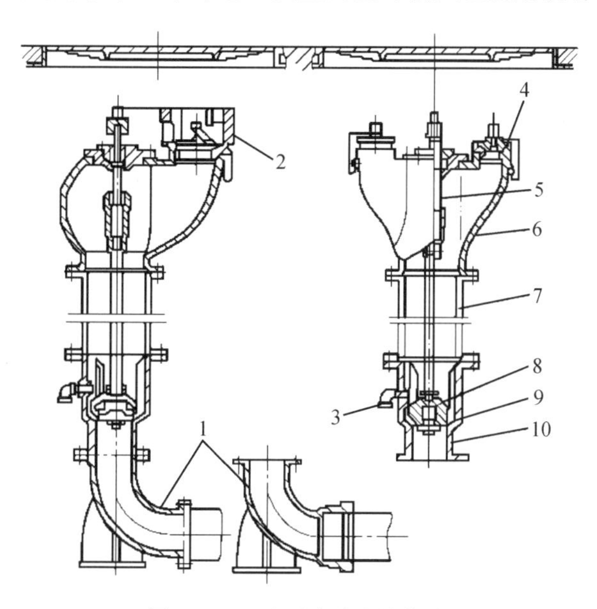


图1—87　地下式消火栓构造

1—弯管　2—连接器座　3—排水阀　4—接口　5—阀杆　6—本体　7—法兰接管

8—阀瓣　9—阀座　10—阀体

1）使用方法。用四角扳手按逆时针方向旋转阀杆，阀门即可打开，排放余水装置就自行关闭。按顺时针方向旋转，阀门就会关闭，排放余水装置自行打开排除积水。

2）维护保养与地上消火栓相同。

（3）低压消火栓。设置在低压消防给水管网上的室外消火栓，称为低压消火栓。其作用是为消防车提供必需的消防用水量，火场上水枪等灭火设备所需的压力由消防车加压获得。

1）低压消火栓的流量。每个低压消火栓通常只供一辆消防车用水，常出两支水枪，火场要求充实水柱长度为10～15 m，水枪喷嘴按19 mm考虑，则每支水枪的流量为5～6.4 L/s，两支水枪流量为10～13 L/s，加上接口及水带的漏损，所以每个室外消火栓的流量按10～15 L/s计。

2）低压消火栓的保护半径。由于每个低压消火栓只供一辆消防车使用，一般消防车从消火栓取水，铺设两根直径 65 mm 的水带，将水送往火场，利用喷嘴口径为 19 mm 水枪灭火，当水枪保持充实水柱长度不小于 15 m 时，消防车最大供水距离为 180 m。在灭火战斗中水枪手需留有 10 m 机动水带，若水带在地面的铺设系数按 0.9 计，则消防车往火场供水的最大距离为 153 m。因此，低压消火栓的保护半径采用 150 m。

3）布置间距。室外消火栓的布置间距，必须保证城市街坊的任何部位着火都在两个消火栓的保护半径之内。

低压消火栓的布置间距考虑到消火栓的保护半径和城市街坊的布置情况，低压消火栓的布置间距不应超过 120 m。

（4）高压消火栓。设置在高压消防给水管网上的室外消火栓，称为高压消火栓。由于系统压力较高，因此，能够保证所有消火栓直接接出水带、水枪产生消防射流实施灭火，而不需要消防车或其他移动式消防水泵再加压。

1）高压消火栓的流量。每个高压消火栓一般按出一支水枪考虑，充实水柱长度为 10～15 m，水枪喷嘴为 19 mm，则每个高压消火栓的流量为 5～6.5 L/s。

2）高压消火栓的保护半径。高压消火栓采用 6 根 65 mm 水带，则同理可得，高压消火栓的保护半径为 100 m。

3）布置间距。高压消火栓的布置间距不应超过 60 m。

## 三、消防电梯

### 1. 概述

（1）定义。消防电梯（见图 1—88）是在建筑物发生火灾时供消防人员进行灭火救援使用且具有一定功能的电梯。

（2）设置场所。《高层民用建筑设计防火规范》规定，下列高层建筑应设消防电梯：一类公共建筑、塔式住宅、十二层及十二层以上的单元式住宅和通廊式住宅、高度超过 32 m 的其他两类公共建筑。

图 1—88　消防电梯

（3）设置数量要求。高层建筑消防电梯的设置数量应符合下列规定：当每层建筑面积不大于 1500 $m^2$ 时，应设 1 台；当每层建筑面积大于 1 500 $m^2$ 但不大于 4 500 $m^2$ 时，应设 2 台；当每层建筑面积大于 4 500 $m^2$ 时，应设 3 台。消防电梯可与客梯或工作电梯兼用，但应符合消防电梯的要求。

### 2. 主要组件

消防电梯由电梯井、轿厢、专用电话、消防员专用操作按钮等组成。消防电梯间应设前室，前室内应当设有室内消火栓。

（1）专用电话。专用电话位于消防电梯轿厢内，以便消防队员在灭火救援中保持与外界的联系，也可以与消防控制中心直接联络。

（2）消防员专用操作按钮。消防员专用操作按钮位于建筑物首层，消防电梯平时可作为工作电梯使用，火灾时通过转换开关（或按钮）转为消防电梯使用。消防电梯进入消防状态的情况下，应达到以下要求：

1）电梯如果正处于上行中，则立即在最近层停靠，不开门，然后返回首层站，并自动打开电梯门。

2）如果电梯处于下行中，立即关门返回首层站，并自动打开电梯门。

3）如果电梯已在首层，则立即打开电梯门进入消防员专用状态。

4）各楼层的叫梯按钮失去作用，召唤切除。

5）恢复轿厢内指令按钮功能，以便消防队员操作。

### 3. 功能测试

（1）联动测试消防电梯的迫降功能。模拟火灾报警，检查消防控制设备能否手动和自动控制消防电梯回落首层，并接收反馈信号。

（2）消防员专用操作按钮测试消防电梯的迫降功能。触发首层消防员专用操作按钮，检查消防电梯能否下降至首层，并发出反馈信号，此时其他楼层按钮不能呼叫消防电梯，只能在轿厢内控制。

（3）试验消防电梯的通信设施。试验消防电梯轿厢内专用电话能否与外界和消防控制中心保持联系，通信信号是否良好。

（4）测试操纵按钮的功能。测试消防状态下，消防电梯轿厢内楼层操纵按钮的功能。

（5）测试不同条件下消防电梯的运行速度。一般情况下，消防电梯从首层到顶层的运行时间不超过 60 s。

（6）测试消防电梯的载重量。消防电梯的载重量不宜小于 800 kg。

### 4. 消防电梯的使用方法

（1）消防队员到达首层的消防电梯前室（或合用前室）后，首先用随身携带的手斧或其他硬物将保护消防电梯按钮的玻璃片击碎，然后将消防电梯按钮置于接通位置。因生产厂家不同，按钮的外观也不相同，有的仅在按钮的一端涂有一个小“红圆点”，操作时将带有“红圆点”的一端压下即可；有的设有两个操作按钮，一个为黑色，上面标有英文“OFF”，另一个为红色，上面标有英文“ON”，操作时将标有“ON”的红色按钮压下即可进入消防状态；有的为开关形式，使用时将开关调至“FIRE”位置（见图 1—89）。

（2）电梯进入消防状态后，如果电梯在运行中，就会自动降到首层站，并自动将门打开，如果电梯原来已经停在首层，则自动打开。

（3）消防队员进入消防电梯轿厢内后，应用手紧按关门按钮直至电梯门关闭，待电梯启动后，方可松手，否则，如在关门过程中松开手，门则会自动打开，电梯也不会启动。有些情况，仅紧按关门按钮还是不够的，应在紧按关门按钮的同时，用另一只手将希望到达的楼层按钮按下，直到电梯启动才能松手。

**5. 火场运用**

高层建筑火灾进攻路线选择，应坚持以“消防电梯为主、疏散楼梯间为次、其他途径为辅”的原则，消防员可以运用消防电梯疏散救人、运送器材等。

## 四、防火卷帘

防火卷帘是指在一定时间内，连同框架能满足耐火稳定性和耐火完整性要求的卷帘。防火卷帘是一种活动的防火分隔物，平时卷起放在门窗上口转轴箱中，起火时将其放下展开，用以阻止火势从门窗洞口蔓延（见图 1—90）。

图 1—89　消防电梯按钮

图 1—90　钢质防火卷帘

**1. 防火卷帘门作用和分类**

（1）防火卷帘门的作用。防火卷帘门是现代高层建筑中不可缺少的防火设施，除具备普通门的作用外，还具有防火、隔烟、抑制火灾蔓延、保护人员疏散的特殊功能，广泛应用于高层建筑、大型商场等人员密集的场合。

依据工艺决定的，防火卷帘门除设置在防火墙外，在两个防火分区之间没有防火墙的也应设置防火卷帘。一般设在以下部位：

1）封闭疏散楼梯，通向走道；封闭电梯间，通向前室及前室通向走道的门。

2）划分防火分区，控制分区建筑面积所设防火墙和防火隔墙上的门。当建筑物设置防火墙或防火门有困难时，要用防火卷帘门代替，同时须用水幕保护。

3）规范（如GB 50045—95《高层民用建筑设计防火规范》）或设计特别要求防火、防烟的隔墙分户门。例如附设在高层民用建筑内的固定灭火装置的设备室（钢瓶室、泡沫站等），通风、空气调节机房等的隔墙门应采用甲级防火门；经常有人停留或可燃物较多的地下室房间隔墙上的门，应采用甲级防火门；因受条件限制，必须在高层建筑内布置燃油、燃气的锅炉，可燃油油浸电力变压器，充有可燃油的高压电容器和开关等，专用房间隔墙上的门，都应采用甲级防火门。设计有特殊要求的须防火的分户门，如消防监控指挥中心、档案资料室、贵重物品仓库等的分户门，通常选用甲级或乙级防火门。

（2）防火卷帘门的分类

1）按材质划分：钢质、复合、无机等。

2）按安装形式划分：墙中和墙侧（或称洞内、洞外）两种。

3）按开启方向划分：上卷和侧卷两种。

**2. 防火卷帘门的范围**

主要用于大型超市（大卖场）、大型商场、大型专业材料市场、大型展馆、厂房、仓库等有消防要求的公共场所。当火警发生时，防火卷帘门在消防中央控制系统的控制下，按预先设定的程序自动放下（下行），从而达到阻止火焰向其他范围蔓延的作用，为实施消防灭火争取宝贵的时间。

**3. 防火卷帘的控制方式**

（1）自动功能

1）探测器报警后自动动作

①两步下降安装在疏散通道处的防火卷帘应具有两步关闭性能。即控制箱收到与其相关的火灾探测器组的感烟火灾探测器动作信号后，防火卷帘自动下降至中限位（距地或楼面1.8 m）停止，延时5～60 s（一般为30 s），接到与其相关的火灾探测器组的感温火灾探测器动作信号后，卷帘下降到下限位；或控制箱接第一次报警信号后，控制防火卷帘自动关闭至中限位处停止，接第二次报警信号后继续关闭至全闭。

②一步下降用于防火分隔的防火卷帘，如划分防火分区的防火卷帘，设置在自动扶梯四周、中庭与房间、走道等开口部位的防火卷帘，在与其相关的火灾探测器组动作后，卷帘直接下降到下限位。

（2）消防控制室操作。由消防控制室内值班人员直接操作卷帘起降的一种方式，一般是由监控发现或由报警器报警，在某个区域发生火灾情况下，直接在控制室启动电开关，实施区域隔断，控制火势蔓延。

(3) 手动功能。用于疏散通道上的防火卷帘应设有具有同样优先级的两套手动控制装置，且分别设置（见图1—91）。

操作时，按绿色上键，卷帘即向上卷，按绿色下键，卷帘即向下降；按中间的红色键，即是停止键（见图1—92）。

图1—91　两套手动控制装置

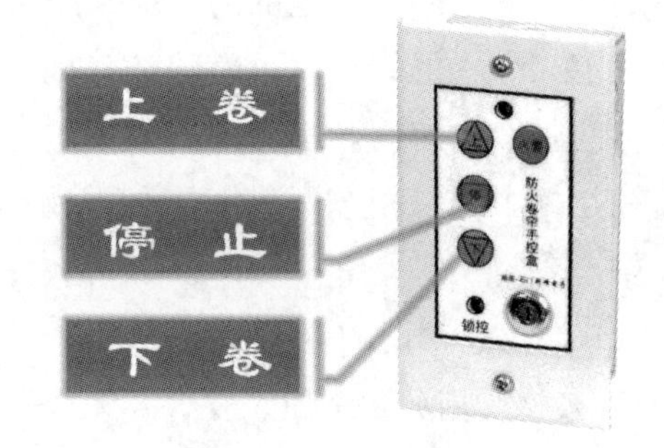


图1—92　防火卷帘手动控制按钮

(4) 机械控制。在停电的情况下，只能通过拉动铁链将防火卷帘门放下。防火卷帘门手动操作位置一般都设在卷帘轴一侧，操作工具是一条圆环式铁锁链，通常锁链被放置在一个储藏箱内，操作时，先开启箱门拿出锁链，如向下拉靠墙一侧的锁链，卷帘便向下降；如向下拉另一侧锁链，卷帘便向上卷起。

(5) 防火卷帘除应有上述控制功能外，还应有温度（易熔金属）控制功能，以确保在火灾探测器或联动装置或消防电源发生故障时，借易熔金属仍能发挥防火卷帘的防火分隔作用。一般当释放装置的感温元件周围温度达到73℃时，释放装置运作，卷帘应依自重下降关闭。

**4. 防火卷帘的功能测试**

可按下列方式进行操作，查看防火卷帘运行情况反馈信号后复位：

(1) 机械操作卷帘升降。

(2) 触发手动控制按钮。

(3) 消防控制室手动输出遥控信号。

(4) 分别触发两个相关的火灾探测器。

## 五、消防水泵

### 1. 概述

消防水泵是指在消防给水系统中，用于保证系统压力和水量的给水泵。

消防水泵是通过叶轮的旋转将能量传递给水，从而增加了水的动能、压能，并将其输送到灭火设备处，以满足各种灭火设备的水量、水压要求。在整个灭火过程中，无论是从水源取水，还是将水加压输送到火场，都必须由固定式消防水泵或移动式消防水泵来完成。因此，人们常把消防水泵看作是消防给水系统的心脏。

### 2. 分类

消防水泵包括固定消防水泵、移动消防水泵和消防车消防水泵。固定消防水泵设置在建筑物内；消防车消防水泵设置在消防车上，用于直接扑救或控制在其扑救范围内的火灾；移动消防水泵主要是供消防队员使用的移动式手抬消防泵。

### 3. 消防水泵的并联

两台或两台以上的水泵通过公共输水管向灭火设备输水，称为水泵的并联。消防水泵并联的目的是为了增加出水量。并联水泵的出口压力应基本相同，最好是同型号，使水泵工作保持稳定。出口压力相差很大的水泵并联，将引起出口压力较小的水泵不正常工作，甚至发生故障或损坏。

水泵并联的特点是同一扬程下流量的叠加，但不是单个水泵独立工作时流量的简单加倍，并联工作时总的流量增加，但每台泵的流量比单独工作时的流量小，水泵并联台数越多，每台泵在其中发挥的作用就越小，因此，并联的台数不能太多。

### 4. 消防水泵的串联

第一台水泵出水管连接在第二台水泵吸水管上，两台水泵同时运转，称为水泵的串联。水泵串联的目的是为了增加扬程。当消防水源地距被保护对象较远，供水管线较长时，如果采用高扬程的泵来供水，就不方便，为此常采用设中加压泵来满足压力要求。串联水泵不断将水加压，输出的流量则是前一台水泵输入的流量。

水泵串联工作时，两台水泵的出水量应该相同，否则容量小的一台将过负荷。串联在后面的水泵应坚固，否则会遭到破坏。

### 5. 消防水泵的控制

（1）以自动或手动方式启动消防泵时，消防水泵应在 30 s 内投入正常运行；以备用电源切换方式或备用泵切换启动消防水泵时，消防水泵应在 30 s 内投入正常运行（见图 1—93）。

（2）临时高压消防给水系统的每个消火栓处应设直接启动消火栓给水泵的按钮。

（3）自动喷水和水喷雾等自动灭火系统的消防泵，宜有泵房内给水管网上设置低压压力开关和报警阀压力开关两种自动直接启动功能。

（4）消防泵房应有现场应急操作启、停泵按钮；消防控制中心应有手动远程启泵按钮。

（5）消房泵组宜设置定时低频自动巡检装置。每台消防水泵的巡检周期一般可设定为7～10 天。

**6. 消防水泵的维护管理**

（1）每月或每星期运行一次消防水泵，运行时间在 5～10 min 即可，检查水泵的出水压力是否符合要求。

（2）打开试水装置放水，检查水泵能否正常启动。

（3）主、备电源切换正常，检查备用电源，看能否保证在 30 s 内使水泵投入正常运行；检查备用水泵能否自动切换投入运行。

（4）检查出水管路上的闸阀、止回阀、水锤消除装置是否正常。

（5）清除吸水管入口处的杂物，防止堵塞。

## 六、水泵接合器

**1. 作用和设置位置**

水泵接合器（见图 1—94）是供消防车向消防给水系统的给水管网供水的接口。它既可用以补充消防水量，也可用于提高消防给水管网的水压。

图 1—93　消防泵控制柜

图 1—94　水泵接合器

（1）设置范围。水泵接合器一般设置在室内消防给水管网中。此外，还有室外水泵接合器，常用于油罐区。由于消防用水点远离消防水源，往往敷设消防专用给水管道，并在管网起始端或在管网上便于消防车取水的地方，设置室外水泵接合器。灭火时，消防车通过水泵接合器向消防专用给水管道供水。室内消防给水系统中水泵接合器的设置见表1—5。

表1—5　　水泵接合器的设置条件

| 建筑物类别 | | 设置条件 | 说明 |
|---|---|---|---|
| 单层建筑和多层建筑 | 厂房 | 设置室内消火栓且层数>4层 | 室内消防给水管网设水泵接合器。设有自动喷水灭火系统的喷淋系统应设水泵接合器 |
| | 库房 | | |
| | 公共建筑 | 设置室内消火栓且层数>5层 | |
| 高层工业建筑 | | 均设 | |
| 高层民用建筑 | | 均设 | 室内消防给水系统和自动喷水灭火系统均应设水泵接合器 |

注：（1）对于高层建筑，在消防车供水压力范围外的分区，可不设水泵接合器。如在消防车供水压力范围外的给水分区需设水泵接合器时，室内消防给水管网应有水泵串联运行。

（2）对于高层民用建筑，当采用水泵串联给水方式时，可仅在低区室内消防给水管网设水泵接合器。

（2）作用。水泵接合器的作用主要是向系统内增加水压和水量。其作用主要表现在：

1）当室内消防水泵因检修、停电或出现其他故障时，利用消防车从室外水源抽水，通过水泵接合器将水加压送至室内消火栓给水管网或自动喷水灭火系统给水管网；

2）如果火势较大，虽然消防泵能启动正常运行，当系统的实际需水量大于系统的设计流量时，也需要通过水泵接合器将水加压送至室内消火栓给水管网或自动喷水灭火系统给水管网。

（3）设置位置。水泵接合器的接入位置与其作用有很大的关系。根据我国水泵接合器在消防系统中的作用，水泵接合器应设置在消防泵的出水管上，且宜设在报警阀组的前面。室内水泵接合器作用及接管点位置见表1—6。

表1—6　　室内水泵接合器作用及接管点位置

| 作用 | 接管点位置 |
|---|---|
| 固定消防水泵发生故障，消防车消防泵从室外消火栓取水，通过水泵接合器将水送至室内消防给水管网 | 与室内消防给水管网直接连接，且应远离进水管与室内管网的连接点 |
| 火灾时，固定消防水泵能正常运行，但消防用水量不足，可通过水泵接合器将水送至室内消防给水管网 | 与室内消防给水管网直接连接，其连接点应远离进水管与室内管网的连接点 |

续表

| 作用 | 接管点位置 |
|---|---|
| 火灾时，固定消防水泵能正常运行，但火灾延续时间超过设计要求，消防水池储水不足，可通过水泵接合器将水送至消防水池 | 水泵接合器出水管接至消防水池 |
| 固定消防水泵水压不足，可通过水泵接合器与消防车消防泵串联运行提高水压 | 与固定消防水泵吸水管连接 |

**2. 分类**

按栓口的位置区分，水泵接合器可分为地上式水泵接合器、地下式水泵接合器和墙壁式水泵接合器。

（1）地上式水泵接合器如图 1—95 所示，栓身和接口均高出地面，目标显著，使用方便。

（2）地下式水泵接合器如图 1—96 所示，装在路面下，不占地方，不易遭到破坏，适用于寒冷地区。但地下式水泵接合器的井盖和地下式消火栓的井盖要有明显的区别标志，以免火场误认，影响灭火战斗。

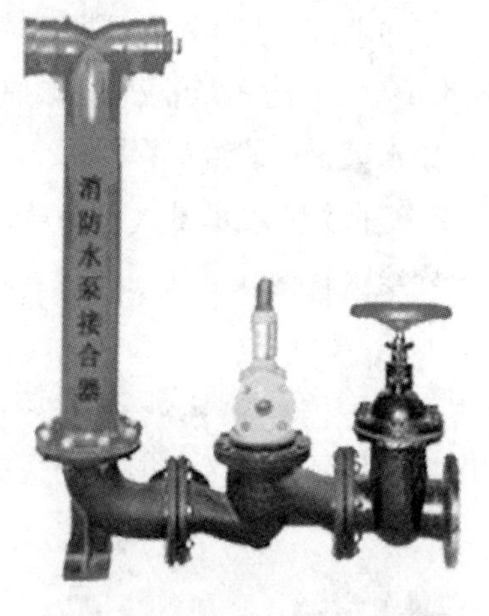


图 1—95　地上式水泵接合器

图 1—96　地下式水泵接合器

（3）墙壁式水泵接合器如图 1—97 所示，安装在建筑物墙脚下，墙面上只露出两个接口和装饰标牌，清晰、美观，不占地面位置。

**3. 设置要求**

水泵接合器的设置应符合下列要求：

（1）水泵接合器应布置在室外。水泵接合器的类型可根据消防车在火场的使用选择，但尽可能选择地上式或侧墙式（墙壁式），并应有明显的指示标志（见图1—98），有防冻要求的场所可选用地下式。

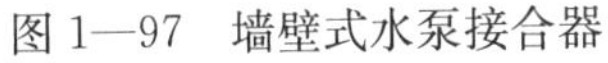
图1—97　墙壁式水泵接合器

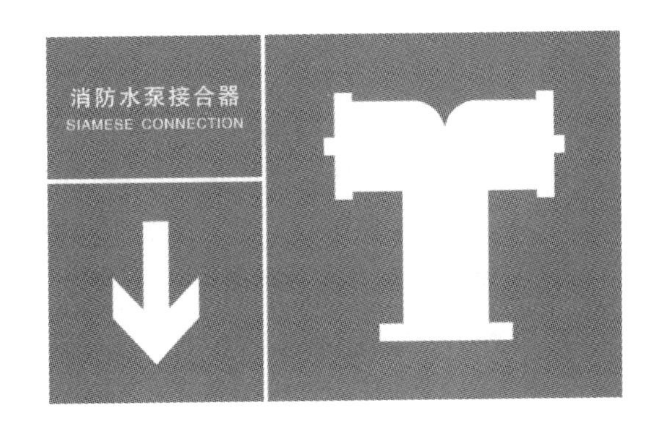

图1—98　水泵接合器标志

（2）水泵接合器应设置在便于消防车使用并不妨碍交通的地点。它与建筑物的外墙应有一定的距离（墙壁式除外），一般不宜小于5 m。水泵接合器宜集中布置，但多个并联设置时应有适当的间距，不影响灭火时的使用。

（3）自动喷水灭火系统的消防水泵接合器应设置与消火栓系统的消防水泵接合器有区别的永久性固定标志，并有分区标志（见图1—99）。地下消防水泵接合器应采用铸有“消防水泵接合器”标志的铸铁井盖，并在附近设置指示其位置的永久性固定标志。

图1—99　水泵接合器分区

（4）室内消防给水系统中，水泵接合器的设置数量应按室内消防用水量确定，每个水泵接合器的流量应按 10～15 L/s 计算，采取竖向分区并联给水的高层建筑物，每个分区的消防给水管网应分别设置水泵接合器，但采用单管串联给水方式时，可仅在下区设水泵接合器。

（5）为便于消防车通行和取水灭火，水泵接合器应设在室外方便消防车使用的地点，同时在其周围 15～40 m 范围之内，应设有供消防车取水的室外消火栓或消防水池。

（6）为防止水泵接合器的阀门打开时，室内消防给水管网的水向外倒流，应在连接水泵接合器的管段上设止回阀。同时还应设检修用的闸阀和泄水阀。水泵接合器的阀门，应能在建筑物的室外进行操作，且应有保护设施和明显的标志。

**4. 消防水泵接合器的维护管理**

（1）消防水泵接合器的接口及配套附件完好，无渗漏，闷盖盖好。

（2）控制阀门应常开，且启闭灵活；止回阀应关闭严密。

（3）寒冷地区防冻措施应做好。

# 第 2 章

## 抢险救援装备

# 第1节 防护器材

## 一、化学防护服

化学防护服是消防员在处置化学事故时穿着的防护服装，可以保护穿着者的头部、躯干、手臂和腿等部位免受化学品的侵害，消防员在处置液态化学危险品和腐蚀性物品，以及缺氧现场环境下实施救援任务时需穿着化学防护服。

### 1. 适用范围

消防员化学防护服是消防员在处置化学事件时穿着的，为保护消防员的头部、躯干、手臂和腿等部位免受化学品的侵害的服装。消防员化学防护服不适用于灭火，以及处置涉及放射性物品、液化气体、低温液体危险物品和爆炸性气体的紧急事件。根据化学品的危险程度，消防员化学防护服可分为气密型防护（一级）和液体喷溅致密型防护（二级）两个等级。

（1）一级消防员化学防护服。一级消防员化学防护服如图2—1所示，是消防员在处置高浓度、强渗透性气体化学品事件中穿着的化学防护服装，穿着一级消防员化学防护服可以进入无氧、缺氧和氨气、氯气、烟气等气体现场，以及汽油、丙酮、醋酸乙酯、苯、甲苯等有机介质气体现场和硫酸、盐酸、硝酸、氨水、氢氧化钠等腐蚀性液体现场进行抢险救援工作。

一级消防员化学防护服可有效抵御事故现场中化学危险品或腐蚀性物品对人体的危害。服装内配有通风系统，其分配阀和通风管路可将正压式空气呼吸器气瓶内的空气分送于头部及手脚部，此外，分配阀还设有手控增气按钮，可在短时间内将空气流量增大到30 L/min以上，使服装内保持正压，保证消防员的人体免受化学品的侵害和腐蚀，能够使消防员在短时间内进入高浓度、强渗透性气体化学品事故现场进行抢险救援工作。

（2）二级消防员化学防护服。二级消防员化学防护服如图2—2所示，是消防员处置液态化学危险品和腐蚀性物品以及缺氧现场环境下实施救援任务时穿着的化学防护服。

二级消防员化学防护服可有效抵御挥发性固体、液体和轻度的气体事件中化学危险品或腐蚀性物品对人体的危害。为消防员身处含飞溅液体和微粒的不利环境中和对于通过呼吸、摄取、皮肤吸收或接触，能潜在地对人体造成伤害的固体、液体、气体及其混合物的危险化学品事故现场提供最低等级防护。二级消防员防护服能防止液体渗透，但不能防止蒸汽或气体渗透。

图 2—1　一级消防员化学防护服

图 2—2　二级消防员化学防护服

**2. 组成及结构**

（1）一级消防员化学防护服。一级消防员化学防护服为连体式全密封结构，由带大视窗的连体头罩、化学防护服、内置正压式消防空气呼吸器背囊、化学防护靴、化学防护手套、密封拉链、超压排气阀和通风系统等组成，同正压式消防空气呼吸器、消防员呼救器及通信器材等设备配合使用。

（2）二级消防员化学防护服。二级消防员化学防护服为连体式结构，由化学防护头罩、化学防护服、化学防护靴、化学防护手套等组成，与外置式正压消防空气呼吸器配合使用。

**3. 主要技术性能**

（1）一级消防员化学防护服

1）整体性能。化学防护服的整体气密性≤300 Pa。

2）面料性能。阻燃性能：有焰燃烧时间≤10 s，无焰燃烧时间≤10 s，损毁长度≤10 cm。

3）化学防护手套的性能。面料和接缝部位抗化学品渗透时间≥60 min。

4）化学防护靴的性能。靴面和接缝部位抗化学品渗透时间≥60 min；靴底耐刺穿力≥1 100 N；防滑性能：始滑角≥15°；防砸性能：经 10.78 kN 静压力试验和冲击锤质量为 23 kg、落下高度为 300 mm 的冲击试验后，间隙高度≥15 mm。

（2）二级消防员化学防护服

1）整体性能。整体抗水渗漏性能：经 20 min 水喷淋后，无渗漏现象。

2）面料性能。阻燃性能：有焰燃烧时间≤10 s，无焰燃烧时间≤10 s，损毁长度≤10 cm。

3）化学防护手套的性能。面料和接缝部位抗化学品渗透时间≥60 min；耐刺穿力≥22 N。

4）化学防护靴的性能。靴面和接缝部位抗化学品渗透时间≥60 min；靴底耐刺穿力≥900 N；防滑性能：始滑角≥15°；防砸性能：经 10.78 kN 静压力试验和冲击锤质量为 23 kg，落下高度为 300 mm 的冲击试验后，其间隙高度≥15 mm。

**4. 使用与维护**

（1）一级消防员化学防护服

1）穿着方法

①背上正压式消防空气呼吸器压缩气瓶，系好腰带并调整好压力表管子位置，不开气源，把消防空气呼吸器面罩吊挂在脖子上。

②挎带自动收发声控转换器，脖子上系上喉头发音器，将对讲机和消防呼救器系在腰带上，然后将发音器接上自动收发转换器和对讲机。

③将一级消防员化学防护服密封拉链拉开，先伸入右脚，再伸入左脚，将防护服拉至半腰，然后将压缩空气钢瓶供气管接上分配阀，空气呼吸器面罩供气管也接上分配阀，打开压缩空气瓶瓶头阀门，向分配阀供气。

④戴上空气呼吸器面罩，系好面罩带子，调整松紧至舒适。

⑤戴上消防头盔，系好下颏带。

⑥辅助人员提起服装，着装者穿上双袖，然后戴好头罩。由辅助人员拉上密封拉链，并把密封拉链外保护层的尼龙搭扣搭好。

2）脱卸方法

①根据服装使用过程中接触污染物质的情况，脱卸前由辅助人员进行必要的清理和冲洗。

②穿着人员先把双臂从袖子中抽出，交叉在前胸。

③由辅助人员把密封拉链拉开，把防护服从头部脱到腰部（注意：脱卸过程中化学防护服外表面始终不要与穿着人员接触），脱下空气呼吸器的面罩，关闭气瓶，脱开分配阀管路，卸下声控对讲装置、消防呼救器、消防头盔和压缩空气瓶。把化学防护服拉至脚筒，着装者双脚脱离化学防护服。

④脱卸后，须对化学防护服进行检查和彻底清洗，然后晾干，待下次使用。

3）使用说明。穿着人员使用前应了解一级消防员化学防护服的使用范围。穿着过程中必须有人帮助才能完成。脱卸过程必须由辅助人员协助和监护。穿着人员需经训练，熟悉穿着、脱卸及使用要点。使用中，服装不得与火焰以及熔化物直接接触，不得与尖锐物接触，避免扎破、损坏。

使用前必须进行下列检查：

①手套和胶靴安装是否正确；

②服装里外是否被污染；

③服装面料和连接部位是否有孔洞、破裂；

④密封拉链操作是否正常，滑动状态是否良好；

⑤超压排气阀是否损坏，膜片工作是否正常；

⑥视窗是否损坏，是否涂上保明液（涂保明液的视窗应不上雾）；

⑦整套服装气密性是否良好。

4）维护保管。每次使用后，用清水冲洗，并根据污染情况，可用棉布蘸肥皂水或浓度为0.5％～1％碳酸钠水溶液轻轻擦洗，再用清水冲净。不允许用漂白剂、腐蚀性洗涤剂、有机溶剂擦洗服装。洗净后，服装应放在阴凉通风处晾干，不允许日晒。

一级消防员化学防护服装应储存在温度－10℃～40℃、相对湿度小于75％、通风良好的库房中，距热源不小于1 m，避免日光直接照射；不能受压及接触腐蚀性化学物质和各种油类。

可以放入包装箱或倒悬挂储存。放入包装箱折叠时，先将密封拉链拉上，铺于地面，折回双袖（手套钢性塑料环处可错开），将服装纵折，靴套错开，再横折，面罩朝上，放入包装箱内，避免受压。倒悬挂存储时，应拉开密封拉链，将服装胶靴在上倒挂在架子上，外面套上布罩或黑色塑料罩。

一级消防员化学防护服装储存期间，每3个月进行一次全面检查，并摊平停放一段时间，同时密封拉链要打上蜡，完全拉开，再重新折叠，放入包装箱。

（2）二级消防员化学防护服

1）穿着方法

①先撑开服装的颈口、胸襟，两脚伸进裤子内，将裤子提至腰部，再将两臂伸进两袖，并将内袖口环套在拇指上。

②将上衣护胸折叠后，两边胸襟布将护胸布盖严，然后将前胸大白扣扣牢。

③把腰带收紧后，将大白扣扣牢。

④戴好正压式消防空气呼吸器或消防防毒面具，再将头罩罩在头上，并将颈扣带的大白扣扣上。

⑤戴上化学防护手套，将内袖压在手套里。

2）使用说明。二级消防员化学防护服不得与火焰及熔化物直接接触。使用前必须认真检查服装有无破损，如有破损严禁使用。使用时，必须注意头罩与面具的面罩紧密配合，颈扣带、胸部的大白扣必须扣紧，以保证颈部、胸部气密。腰带必须收紧，以减少运动时的“风箱效应”。

3）维护保管。每次使用后，根据脏污情况用肥皂水或浓度为0.5%～1%的碳酸钠水溶液洗涤，然后用清水冲洗，放在阴凉通风处，晾干后包装。

折叠时，将头罩开口向上铺于地面。折回头罩、颈扣带及两袖，再将服装纵折，左右重合，两靴尖朝外一侧，将手套放在中部，靴底相对卷成一卷，横向放入包装袋内。

二级消防员化学防护服在保存期间严禁受热及阳光照射，不允许接触活性化学物质及各种油类。

## 二、防静电服

防静电服是消防员在易燃易爆事故现场进行抢险救援作业时穿着的防止静电积聚的防护服装。在易燃易爆的环境下，特别是在石油化工现场，防静电服能够防止衣服内静电积聚，避免静电放电火花引发的爆炸和火灾危险。防静电服如图2—3所示。

图2—3　防静电服

### 1. 组成与结构

防静电服通常采用单层连体式，上衣为“三紧式”结构。选用防静电织物，在纺织时大致等间隔或均匀地混成，也有选用具有较小电场强度的特种面料，经染整、抗静电处理制成。

### 2. 主要技术性能

（1）防静电服的带电电荷量：0.6 μC/件。

（2）接缝断裂强力≥98 N。

### 3. 使用与维护

（1）防静电服必须与防静电鞋配套使用，不允许在易燃易爆的场所穿脱。

（2）穿着时，先穿好裤子，然后穿上衣，再把帽子、手套、脚套全部依次戴好，除面部外其余皮肤尽可能减少外露。

（3）穿着时，禁止在防静电服上附加或佩戴任何金属物件，如必须使用时，需要保证穿着时金属附件不能直接外露，并应保持防静电服清洁。穿用一段时间后，应对防静电服进行防静电性能检验，不符合要求的防静电服不允许继续使用。

（4）防静电服应用清水洗涤，必要时可以加以适量的皂液，然后晾干，洗涤时应小心，不可损伤服装纤维。

## 三、抢险救援服

抢险救援服是消防员在进行抢险救援作业时穿着的专用防护服，能够对其除头部、手部、踝部和脚部之外的躯干提供保护。抢险救援服不得在灭火作业或处置放射性物质、生物物质及危险化学物品作业时穿着。

### 1. 组成与结构

消防员抢险救援防护服由外层、防水透气层和舒适层等多层织物复合而成，可分为连体式救援服和分体式救援服，如图 2—4 所示。连体式消防员抢险救援防护服是衣裤一体式样的抢险救援防护服。

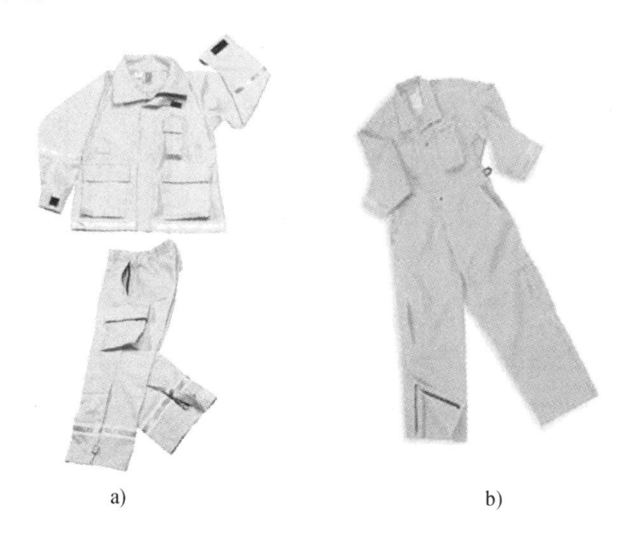

a)　　b)

图 2—4　抢险救援防护服

a）分体式消防员抢险救援防护服　b）连体式消防员抢险救援防护服

### 2. 主要技术性能

（1）外层面料性能。阻燃性能：续燃时间不应大于 2 s，损毁长度不大于 100 mm，且无熔融、滴落现象。热稳定性能：在温度为 180℃±5℃的条件下，经 5 min 后，沿经、纬方向尺寸变化率不大于 5%，且式样表面无明显变化。

（2）防水透气层性能。耐静水压性能：耐静水压不小于 17 kPa。

（3）接缝断裂强力。外层接缝断裂强力不小于 350 N。

（4）反光标志带性能。热稳定性能：在温度为 180℃±5℃条件下，经 5 min 后，反光材料表面应无炭化、脱落现象。阻燃性能：续燃时间不大于 2 s，且无熔融、滴落现象。高低温性能：经试验后反光标志带不出现断裂、起皱、扭曲的现象。

3. 穿着要求

（1）穿着者应选择合适规格的消防员抢险救援防护服，并应与防护头盔、防护手套、防护靴等防护服装配合使用。

（2）穿着前，应检查其表面是否有损伤，接缝部位是否有脱线、开缝等损伤。

4. 注意事项

（1）每次抢险救援作业或训练后，消防员抢险救援防护服应及时清洗、擦净、晾干。清洗时不要硬刷或用强碱，以免影响防水性能。晾干时不能在加热设备上烘烤。

（2）在运输中应避免与油、酸、碱等易燃、易爆物品或化学药品混装。

（3）应储存在干燥、通风的仓库中。储存和使用期不宜超过三年。

## 四、耐高温手套

消防耐高温手套适用于消防员在火灾、事故现场处理高温及坚硬物件时穿戴，不适用于化学、生物、电气以及电磁、核辐射等危险场所，如图 2—5 所示。

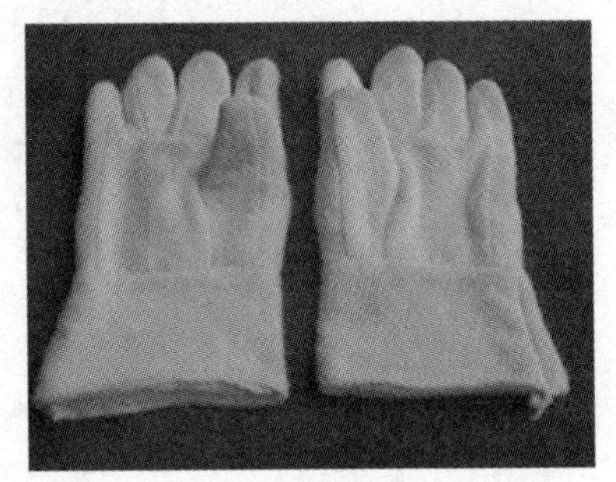

图 2—5　耐高温手套

1. 组成与结构

消防耐高温手套可以是分指式也可以是连指式，一般为双层或三层结构，外层为耐高温阻燃面料，内衬里为全棉布。当消防员穿戴手套处理高温、灼热物品时，手套外层耐高温阻燃材料隔绝大部分的热量，防止高温热量向内传递而引起手部皮肤的烧伤，同时高强度的面料能够抵御尖锐物品的切割；内层全棉衬里，起到吸汗的作用，提高穿戴者的舒适度。

2. 主要技术性能

（1）阻燃性能。手套组合材料的损毁长度不大于 100 mm，续燃时间不大于 2.0 s，且无熔融、滴落现象。

（2）耐热性能。整个手套和衬里在 260℃±2℃温度下保持 5 min，其表面应无明显变化，且不应有熔融、脱离和燃烧现象，其在长度和宽度方向上的收缩率不大于 5%。

（3）耐磨性能。手套掌心面组合材料用粒度为 100 目的砂纸，在 9 kPa 压力下，经 8 000 次循环摩擦后，不被磨穿。

（4）耐切割性能。手套外层材料的最小割破力不小于 4 N。

## 五、抢险救援手套

抢险救援手套是消防员在抢险救援作业时用于对手和腕部提供防护的专用防护手套。它不适合在灭火作业时使用，也不适用于化学、生物、电气以及电磁、核辐射等危险场所。抢险救援手套如图 2—6 所示。

图 2—6 抢险救援手套

**1. 组成与结构**

抢险救援手套为五指分离，允许有袖筒。抢险救援手套由外层、防水层和舒适层等多层织物复合而成。这些材料可以是连续的或拼接的单层，也可以是连续的或拼接的多层。为了增强外层材料的耐磨性能，可以在掌心、手指及手背部位缝制上一层皮革。

**2. 主要技术性能**

（1）阻燃性能。手套和袖筒外层材料的损毁长度不大于 100 mm，续燃时间不大于 2.0 s，且无熔融、滴落现象。

（2）耐热性能。整个手套和舒适层在 180℃±5℃温度下保持 5 min，其表面无明显变化，且无熔融、脱离和燃烧现象，其在长度和宽度方向上的收缩率不大于 5%。

（3）耐磨性能。手套本体掌心面组合材料用粒度为 100 目的砂纸，在 9 kg 压力下，经 8 000 次循环摩擦后，不被磨穿。

（4）抗切割性能。手套本体和袖筒外层材料的最小割破力不小于 4 N。

（5）耐撕破性能。手套本体掌心面和背面外层材料的撕破强力不小于 50 N。

（6）抗机械刺穿性能。手套本体组合材料的刺穿力不小于 45 N。

（7）整体防水性能。手套应具有一定的防水性，在水中无渗漏。

## 六、防化手套

消防防化手套适用于消防员在处置化学品事故时穿戴，而并不适合于高温场合、处理尖硬物品作业时使用，也不适合用于电气、电磁以及核辐射等危险场所。防化手套如图 2—7 所示。

**1. 组成与结构**

图 2—7 防化手套

消防防化手套可以是分指式，也可以是连指式，结构有单层、双层和多层复合，材料一般有橡胶、乳胶、聚氨酯、塑料等；双层结构的手套一般是以针织棉毛布为衬里，外表面涂覆聚氯乙烯，或以针织布、帆布为基础，上面涂覆 PVC 制成，这类手套为浸塑手套。另外，还有全棉针织内衬，外覆氯丁橡胶或丁腈橡胶涂层。多层复合结构的手套是由多层平膜叠压而成，具有广泛的抗化学品特性。当消防员戴手套在事故现场处置化学品时，手套表面材料能阻止化学气体或化学液体从手部皮肤渗透，使消防员免受化学品的烧伤或灼伤。

**2. 主要技术性能**

（1）耐磨性能。手套组合材料经用粒度为 100 目的砂纸，在 9 kPa 压力下，2 000 次循环摩擦后，不被磨穿。

（2）耐撕破性能。手套组合材料的撕破强力不小于 30 N。

（3）抗机械刺穿性能。手套组合材料的刺穿力不小于 22 N。

（4）手套面料和接缝部位抗化学品渗透时间不小于 60 min。

# 第 2 节　警戒器材

## 一、警戒标志杆

警戒标志杆用于在火灾等灾害事故现场设立警戒区使用，其包括标志杆和标志杆底座。

**1. 标志杆**

标志杆用于火灾等灾害事故现场警戒，标志杆外敷反光材料，如图 2—8 所示。

（1）使用方法。主要用于事故现场设立警戒区时用，使用时插入警戒标志杆底座。

（2）维护保养。保持表面清洁，防止磨损。

（3）注意事项。不能承重，谨防挤压；不能与有腐蚀性物品或氧化物接触。

**2. 标志杆底座**

标志杆底座在事故现场警戒时与警戒标志杆配套使用，如图 2—9 所示。

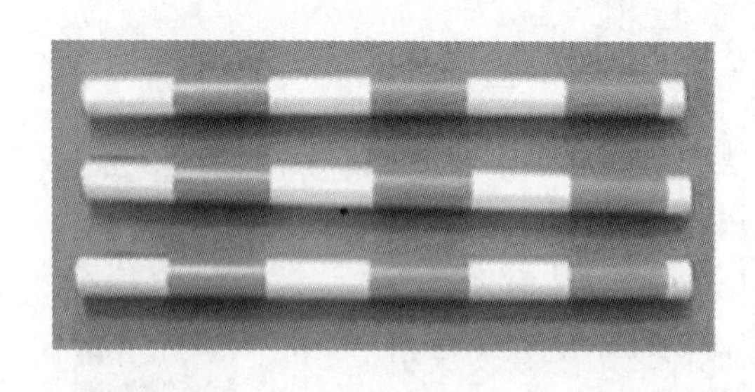

图 2—8　标志杆

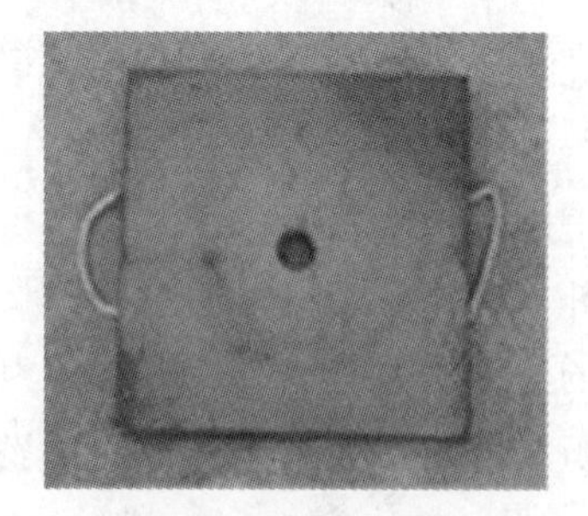

图 2—9　标志杆底座

（1）组成。红色塑料板，尺寸 40 cm×40 cm，中心有一插孔，孔径 $\phi$4 cm。

（2）维护保养。用完后及时将底座上的泥土等杂物清洗干净，保存于干燥的环境内。

(3) 注意事项。一般与标志杆配合使用，不单独使用。操作时，标志杆底座要放置于地面较平的地方，轻拿轻放。

## 二、锥形交通路标

锥形交通路标（简称交通锥）用于事故现场的道路警戒、阻挡或分隔车流和引导交通，依据灾害事故现场需要放在合适位置，也可与警戒灯配合使用。交通锥分为A、B两类，A类为有反光部分，B类为无反光部分。交通锥一般由塑料或橡胶制作而成，如图2—10所示。

**1. 维护保养**

保持交通锥外表清洁，严禁油、腐蚀性物品等滞留其表面。

**2. 注意事项**

防止被重物挤压，轻拿轻放。

## 三、警戒带

警戒带用于划定事故现场的警戒区，使用时可固定在警戒标志杆或其他固定物上。警戒带分为一次性使用和重复性使用两种，分别有涂反光材料和不涂反光材料两种，如图2—11所示。

图2—10　锥形交通路标

图2—11　警戒带

**1. 维护保养**

对于重复使用的警戒带要定期检查警戒带是否卡死，用完后要及时卷紧，不能有松动现象。

**2. 注意事项**

警戒带不能与有腐蚀性的物品接触，重复使用的警戒带在操作时，速度不宜过快，应按其旋转方向施放。

## 四、警示牌

警示牌是设在火灾等灾害事故现场警戒区内的用于起警示作用的告示牌，包括出入口警示牌、危险警示牌和空气呼吸气登记牌等。

危险警示牌用于火灾等灾害事故现场进行警戒、警示，分为有毒、易燃、泄漏、爆炸、危险等五种标志。警示牌如图 2—12 所示。

### 1. 性能与要求

警示牌采用 2 mm 铝合金板冲压而成，表面涂有高亮度抗紫外线室外反光材料，由红黄两种颜色组成。警示牌的形状有三角形和长方形两种，边长为 40 cm，其中长方形警示牌的四角有四个洞，可供绳子穿带。

### 2. 使用方法

主要事故现场警戒时用。根据现场需要选择使用不同形状的警示牌。

### 3. 维护保养

维护中不能用油、腐蚀性物品等擦拭。

### 4. 注意事项

轻拿轻放，用后保持面上清洁、干燥。

## 五、警示灯/闪光警示灯

警示灯/闪光警示灯用于灾害事故现场警戒、警示，如图 2—13 所示。

图 2—12　警示牌

图 2—13　警示灯/闪光警示灯

### 1. 性能及组成

警示灯工作时是频闪型的，它带光控、手控开关，光线暗时可控制 5～10 个灯闪烁。警示灯由塑料制成，为防爆型，内部装有两节 1.5 V 一号电池。

2. 使用方法

主要用于事故现场警戒时使用，也可与锥形交通路标配合使用。

3. 维护保养

保持外表清洁干净，不能用油、腐蚀性物品等擦拭。

4. 注意事项

轻拿轻放，不能与重物放置在一起。

## 六、扩音器

扩音器用于灾害事故现场指挥，如图 2—14 所示。

1. 性能参数

功率大于 10 W，具备警报功能。

2. 维护保养

保持外表清洁干净，不能用油、腐蚀性物品等擦拭。

3. 注意事项

轻拿轻放，不能与重物放置在一起。

## 七、警示指挥用具

警示指挥用具包括闪光指示牌、荧光指挥棒，如图 2—15 所示。

图 2—14 扩音器

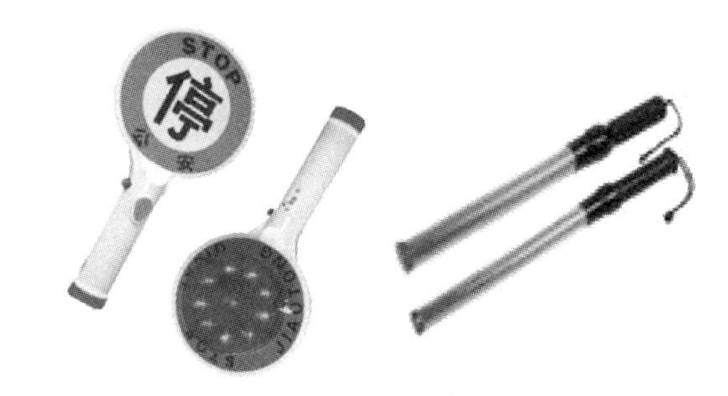


图 2—15 警示指挥用具

警示指挥用具主要用于夜间灾害事故现场指挥，利用干电池供电，工作时可以持续闪烁 40 多小时，也可恒定发光，时间可达 20 多小时。

## 八、危险化学品标签

危险化学品标签是指危险化学品在市场上流通时由生产销售单位提供的附在化学品包装上的标签，是向作业人员传递安全信息的一种载体，它用简单、易于理解的文字和图形表述有关化学品的危险特性及其安全处置的注意事项，警示作业人员进行安全操作和处置，如图 2—16 所示。

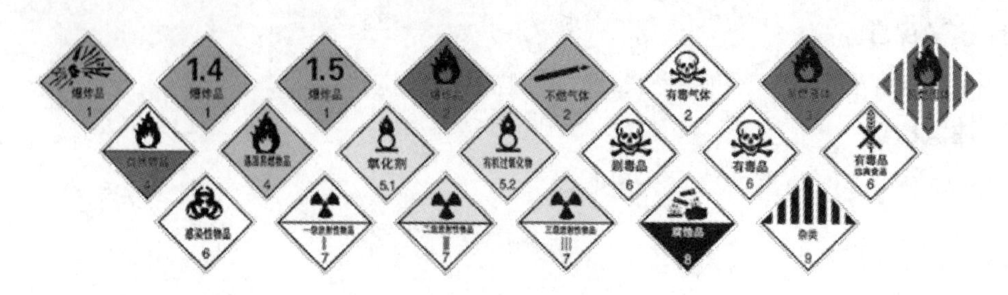


图 2—16　危险化学品标签

# 第 3 节　破拆器材

## 一、铁锤

消防员在火灾和救援现场破拆承重墙体、地面、防盗门窗、墙等坚固物体时使用铁锤，如图 2—17 所示。

图 2—17　铁锤

### 1. 维护保养

（1）用后做好清洁保养工作。

（2）如有污渍可用清水冲洗，置阴凉、通风处晾干。

（3）表面油漆脱落应及时补上，防止生锈。

### 2. 注意事项

（1）不可接触腐蚀性物体。

（2）轻拿轻放，防止铁锤柄断裂。

（3）存放于通风干燥处。

## 二、铁铤

铁铤主要用于破拆门窗、地板、吊顶、隔墙以及开启消火栓等；寒冷地区也可用其破冰取水。铁铤如图 2—18 所示。

### 1. 维护保养

用后做好清洁保养工作，表面油漆脱落应及时补上，防止生锈。

### 2. 注意事项

（1）轻拿轻放。

（2）根据现场情况，选择合适的铁铤，防止过压造成铁铤变形。

（3）不可接触腐蚀性物体，存放于干燥通风处。

## 三、断线钳

消防员在火场和救援现场，在戴好绝缘手套的情况下，用断线钳切断电线，以切断电源；断线钳也可以切断大直径金属丝、线材及带刺铁丝；还可以用来清理火场及开辟通道。断线钳如图 2—19 所示。

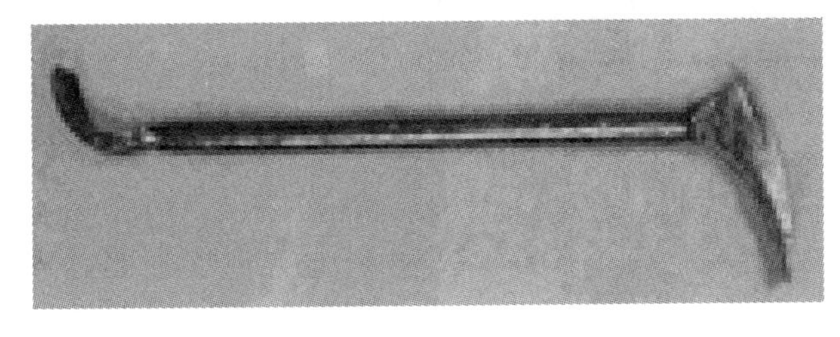

图 2—18　铁铤

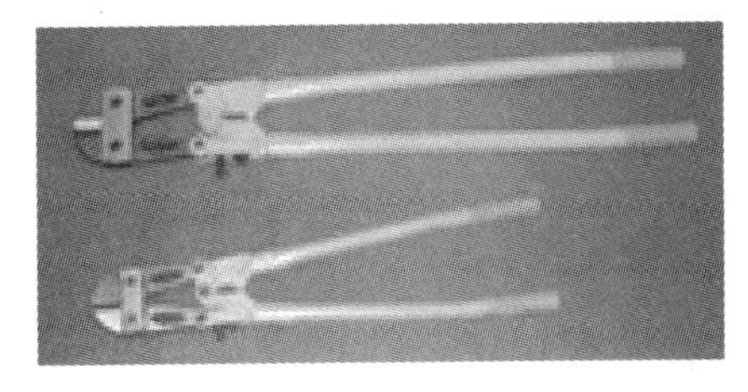

图 2—19　断线钳

### 1. 主要技术性能

铁制胶把套，绝缘负荷为 220～380 V。

### 2. 注意事项

（1）轻拿轻放。

（2）不应随意加长手柄使用，不能使用锤子敲打。

（3）不可接触腐蚀性物体，存放于干燥通风处。

（4）不宜剪切温度超过 200℃的金属材料。

## 四、消防腰斧

消防腰斧是消防员随身佩戴的在灭火救援时用于手动破拆非带电障碍物的破拆工具。具有平砍、尖劈、撬门窗和木楼板、弯折窗门金属栅条等功能。消防员在攀高爬下时可以借助腰斧尖刃防止滑跌，可供消防员在灭火救援破拆时使用，但不能用来破拆带电电线或带电设备。消防腰斧如图 2—20 所示。

图 2—20　消防腰斧

### 1. 组成与结构

消防腰斧由斧头、斧柄和橡胶柄套构成。斧头连同斧柄用整块金属材料制成，使整斧具有足够的机械强度；平刃、尖刃、柄刃和撬口用于砍、劈、折、弯、撬等消防作业，这四个部位均经表面热处理，以提高刃口强度，使刃口既锋利又不易卷曲；橡胶柄套呈椭圆状，表面有花纹，既能使手握着力又不易滑脱。消防腰斧结构如图 2—21 所示。

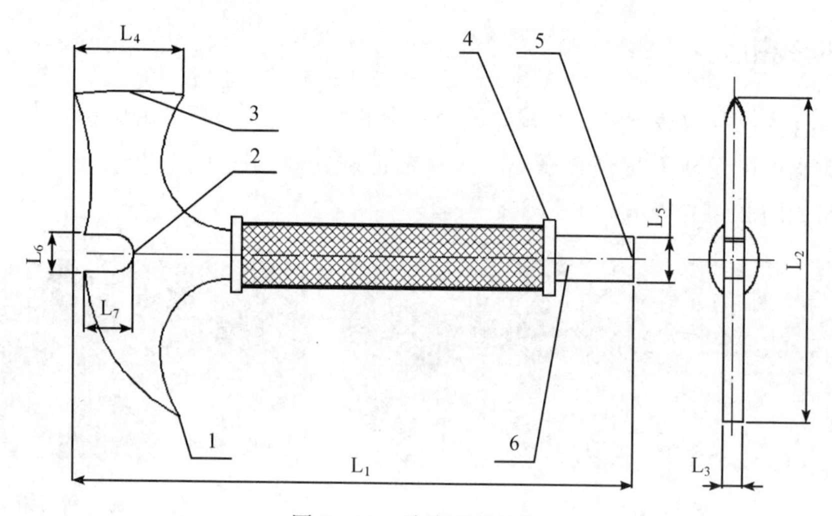


图 2—21　消防腰斧结构

1—尖刃　2—撬口　3—平刃　4—斧柄套　5—柄刃　6—斧柄

### 2. 主要技术性能

（1）质量。腰斧质量不大于 1.0 kg。

（2）抗冲击性能。腰斧各刃部经 5 kg 的重锤冲击后，无裂纹、变形等损伤。

（3）平刃砍断性能。腰斧平刃能砍断直径为 6.5 mm 的圆钢，无明显缺刃、卷边和裂缝等影响使用功能的损伤。

（4）耐盐雾腐蚀性能。腰斧的金属部分经 48 h 中性盐雾试验后，保持原有性能。

### 3. 使用与维护

（1）使用要求

1）腰斧使用前应进行外观检查，注意查看是否有缺陷和潜在的损伤，如发现腰斧变形、有裂缝或橡胶柄套损坏时，应停止使用。

2）消防员佩戴腰斧时，位置要正确，以防各刃口损坏防护服和其他个人装备或戳伤皮肉。

3）在使用腰斧进行砍劈等破拆作业时，尽可能使刃口所在平面与被砍劈物垂直，以防刃口崩裂或卷缺。

4）不能用腰斧砍劈带电电线或带电设备。

5）禁止腰斧与腐蚀性物质接触。

（2）维护保养

1）腰斧受一般性沾污时，可先用肥皂水擦洗，再用水清洗后晾干；当腰斧受到油漆或柏油等沾污时，应先用四氯化碳擦去污痕迹，再按以上方法清洗，切忌用汽油或石蜡油等进行擦洗，以免橡胶柄套损坏。

2）腰斧应储存在阴凉、干燥的场所，使其不受机械或化学损伤，特别是橡胶柄套应避免受热和接触油脂、松香水或酸类等物质。

## 五、多功能手动破拆工具组

多功能手动破拆工具组是在消防挠杆的基础上研发的一种新型产品，以一杆多头的形式派生出消防斧、木榔头、爪耙、接杆（水平和标高测量尺、探路棒）、撑顶器、消防锯、消防剪等多种破拆救援工具，如图 2—22 所示。挠杆握把由高强度的绝缘材料制成，杆体为多节组合式，杆头更换简便快捷，可以在救灾现场根据场所条件要求，组合出不同长度的杆柄，同时还可在不同长度的杆柄上换装不同功能的杆头，从而实现多功能头和各种长度杆柄的组合使用。该工具组能有效替代原有消防车辆配置的多种传统手动破拆工具，并

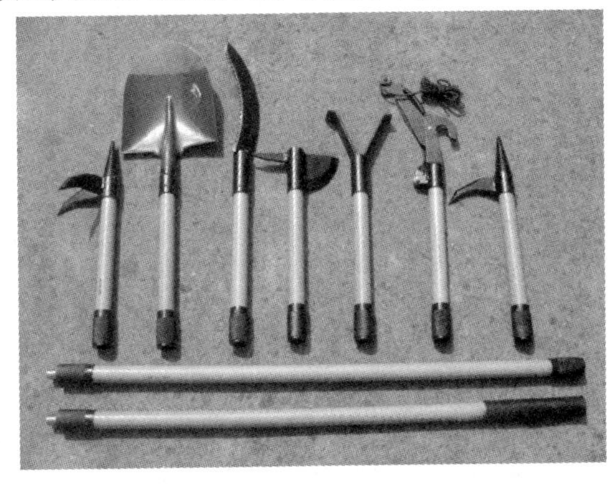

图 2—22　多功能手动破拆工具组

节省了器材占用的空间。

1. **使用说明**

（1）（单头、双头）挠钩，用于破拆吊顶、开辟通道等作业，如图 2—23、图 2—24 所示。

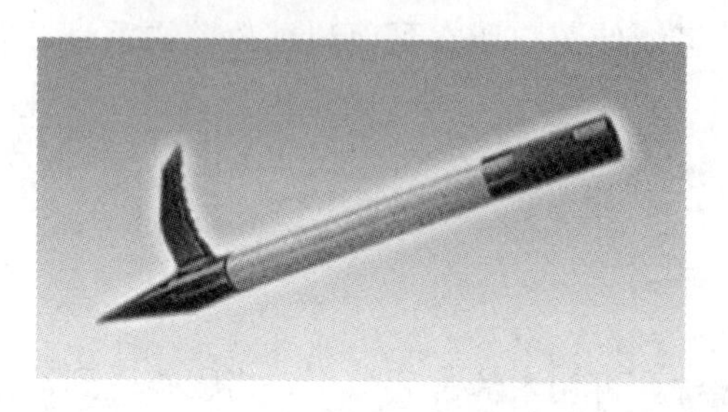

图 2—23　单头挠钩

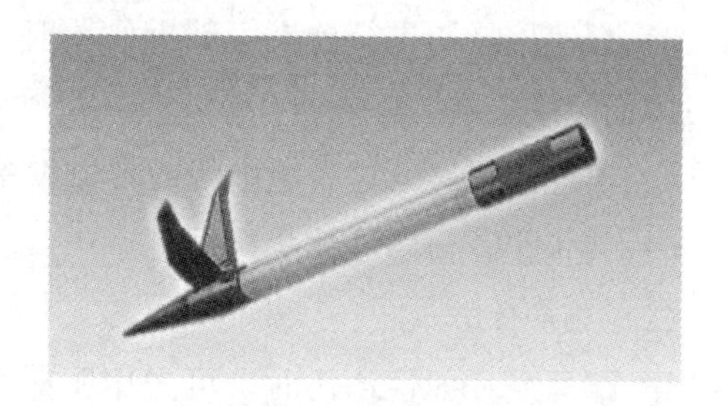

图 2—24　双头挠钩

（2）木榔头，用于敲碎 4 m 以下着火建筑窗户的玻璃以进行排烟、透气，平头端可临时作无火花工具使用，如图 2—25 所示。

（3）爪耙，用于清理现场倒塌物、障碍物、有毒有害物质以及灾后的垃圾，如图 2—26 所示。

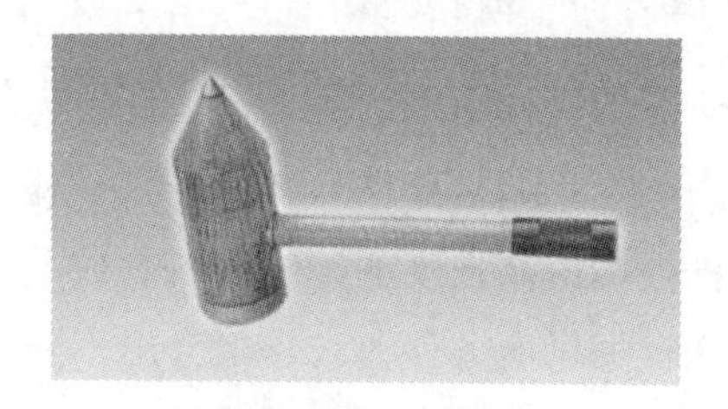

图 2—25　木榔头

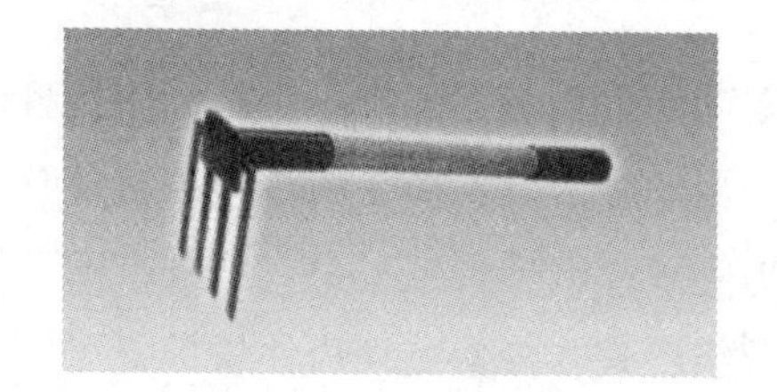

图 2—26　爪耙

（4）撑顶器，用于临时支撑易坍塌的危险场所的门框、窗户和其他构件，保护灭火救援人员安全地进出，如图 1—27 所示。

（5）消防锯，用于锯断一定高度的易坠落物、易坍塌物和构件，如图 2—28 所示。

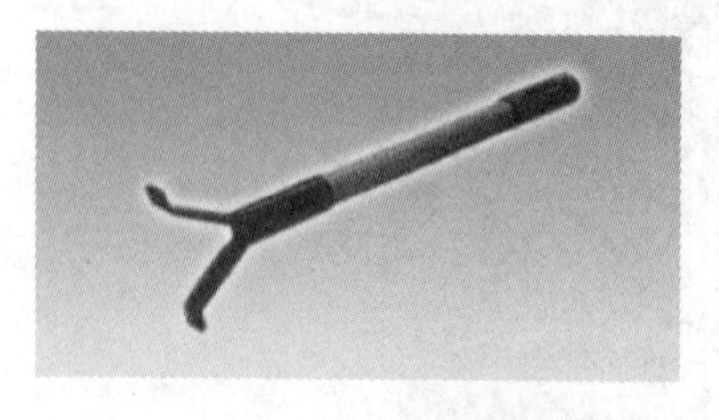

图 2—27　撑顶器

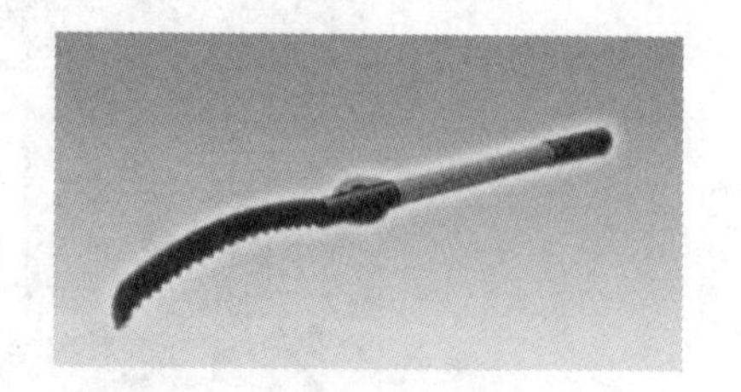

图 2—28　消防锯

（6）消防剪，用于对灾害现场的电线、树枝、连接线、各类绳带等进行剪切，如图

2—29 所示。

(7) 消防斧，用于劈开门窗以及一些木质障碍物，也可撬开地板、箱、柜、门、窗、天花板、护墙板、水泥墙板、栅栏、铁锁等。对于缝隙较小的情况，可以先劈开一条缝再撬。也可用于敲碎 4 m 以下着火建筑窗户的玻璃。消防斧如图 2—30 所示。

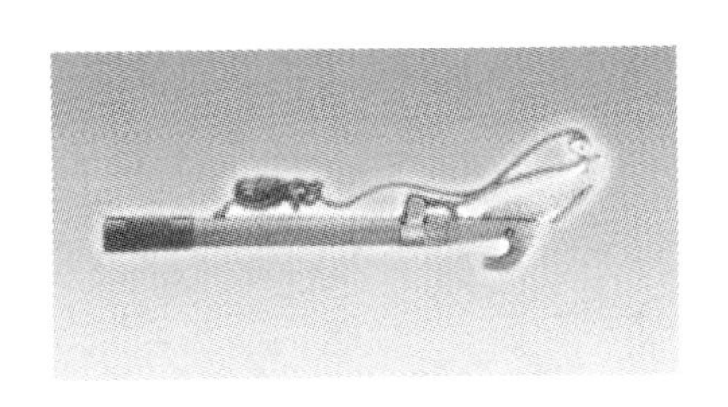

图 2—29　消防剪

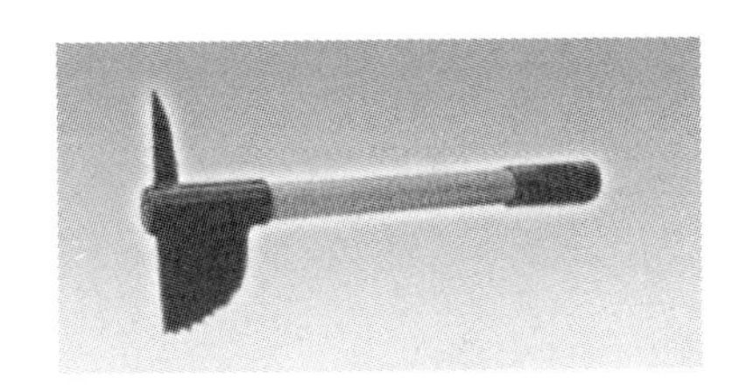

图 2—30　消防斧

(8) 水平和标高仪，单杆长 1 m，通过组合连接，长度为 2.5 m（二长，一短）可以在现场迅速地测量水平距离、标高、坑或涵洞深度，如图 2—31 所示。

(9) 探路棒，可以作为火灾、浓烟、洼地、水坑等场所灭火救援的探路工具。

(10) 担架撑杆，使用两根 2 m 长的挠杆，中间穿布兜（可以借用衣服、裤子）或网兜，可充当临时担架。

(11) 工兵铲，用于挖运沙土，清理火场等，如图 2—32 所示。

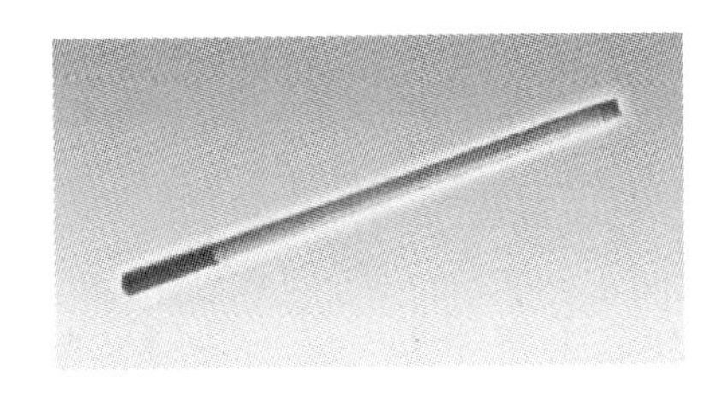

图 2—31　水平和标高仪

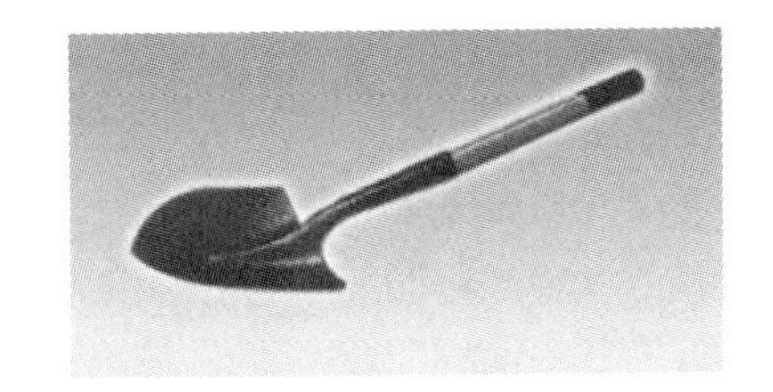

图 2—32　工兵铲

### 2. 维护保养

(1) 每次使用后，应将工具擦拭干净保持清洁，存放处应阴凉干燥。

(2) 刃口、钩尖等工作部位如有卷口或崩缺应及时修磨，并用油脂擦拭。

(3) 应定期检查杆柄上各螺纹连接处的紧固螺钉，并使其保持拧紧状态。

(4) 在使用前检查螺纹连接处的“O 型”圈是否脱落、断裂，如发现应及时更换。

(5) 定期在铝合金连接套螺纹处加注黄油，保持润滑。

(6) 如发现挠钩杆各连接螺纹发生破损，应立即停用待修。

### 3. 注意事项

在进行带电操作时，应注意保证杆柄干燥，预防触电。

# 第 3 章

## 社会救助器材

# 第 1 节　救助防护服装

## 一、防蜂服

### 1. 概述

防蜂服是救助人员在摧毁蜂巢任务时，为保护自身安全穿着的防护服装。由于防蜂服较重，与化学防护服相近，平时也可以代替化学防护服进行日常的防化训练，以免损耗化学防护服。防蜂服如图 3—1 所示。

图 3—1　防蜂服

### 2. 穿着方法

（1）先撑开服装的颈口、胸襟，两脚伸进裤子内，将裤子提至腰部，再将两臂伸进两袖，带好头罩。

（2）将上衣护胸折叠后，两边胸襟布将护胸布盖严。

（3）带好手套，将手套压在内袖里。

### 3. 使用说明

（1）防蜂服不得与火焰及熔化物直接接触。

（2）使用前必须认真检查服装有无破损，如有破损，严禁使用。

（3）使用时，腰带必须收紧，以减少运动时的“风箱效应”。

### 4. 维护保管

（1）每次使用后，根据脏污情况用肥皂水或浓度为 0.5%～1%的碳酸钠水溶液洗涤，然后用清水冲洗，放在阴凉通风处，晾干后包装。

（2）折叠时，将头罩开口向上铺于地面，折回头罩、颈扣带及两袖，再将服装纵折，左右重合，两靴尖朝外一侧，将手套放在中部，靴底相对卷成一卷，横向放入包装袋内。

（3）防蜂服在保存期间严禁受热及阳光照射，不允许接触活性化学物质及各种油类。

## 二、电绝缘服

### 1. 概述

电绝缘服是救助人员在具有 7 000 V 以下高压电现场作业时穿着的用于保护自身安全的防护服，具有耐高电压、阻燃、耐酸、耐碱等性能，如图 3—2 所示。

图 3—2　电绝缘服

2. **主要技术性能**

（1）整体性能。以每 20 s 升压 2 000 V 的速度施加电压，在 16 000 V 时不被击穿。

（2）阻燃性能。续燃时间≤2 s，阻燃时间≤10 s，损毁长度≤10 cm。

（3）耐酸碱性能。1 h 内不渗透。

3. **维护保管**

（1）电绝缘服具有优良的耐电压性能，不能与火焰及熔化物直接接触。

（2）使用前，要认真检查有无破损，如有破损及漏电现象，严禁使用。

（3）穿着时必须另配耐电等级相同或高于电绝缘服的电绝缘手套和电绝缘鞋。穿戴齐全才能进入带电作业现场。

（4）电绝缘服在保存期间，严禁受热及阳光照射，不许洗涤，不许接触活性化学物质及各种油类。

（5）产品在符合标准规定的条件下保存，保质期为二年。

# 第 2 节　开　门　器

## 一、概述

1. 开门器如图 3—3 所示，是一种专用抢险救援器械，也是一种手动破拆工具，用于开启金属、非金属门窗等结构，从而解救被困于危险环境中的受害者。

2. 手动泵作为一种液压动力源，可与破拆工具配套使用。通常低压输出压力为 6 MPa～8 MPa，高压输出压力为 63 MPa，泵中的高低压自动转换阀可根据外界负载的变化自动转变压力。低压时，泵的输出流量大，高压时手柄力自动成倍减小。所以，手动泵是抢险人员可随身携带的便携式超高压动力源。手动泵的结构如图 3—4 所示。

3. 工作原理。将并拢的底脚尖端插入被开启对象的缝隙中，然后用液压手动泵供油，在液压力的作用下，两个底脚逐渐分离，从而将被开启对象开启（撬开）。

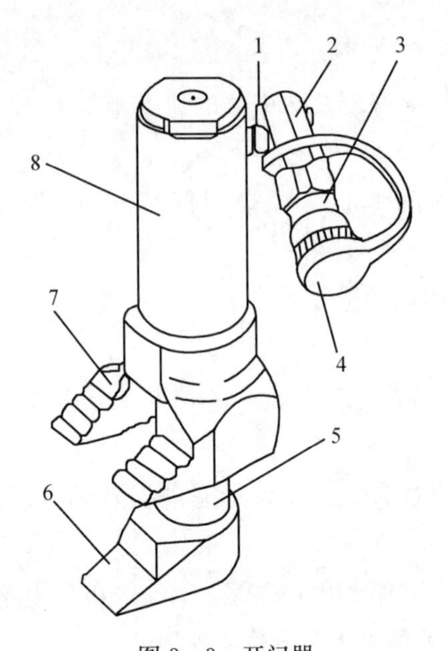


图 3—3　开门器

1—接头Ⅰ　2—接头Ⅱ　3—快速接口阴口　4—防尘帽　5—活塞杆

6—底脚Ⅰ　7—底脚Ⅱ　8—油缸

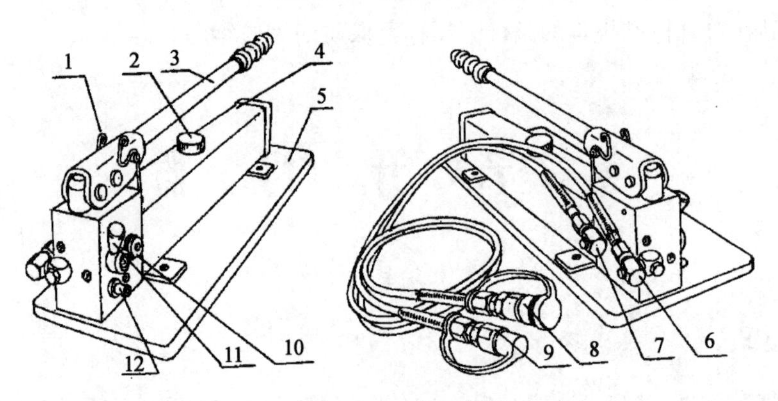


图 3—4　手动泵

1—锁钩　2—油箱盖兼油尺　3—手柄　4—油箱　5—底板　6—出油管接头

7—回油管接头　8—快速接口阴口及防尘帽　9—快速接口阳口及防尘帽

10—高低压转换阀　11—手控开关阀　12—安全阀

## 二、操作程序

1. 连接。取出开门器（其底脚应已完全收拢在一起）和手动泵，取下开门器的快速接口防尘帽和手动泵的快速接口阳口防尘帽，将接口插接。接口、防尘帽对接在一起防尘，如图 3—5 所示。

注意：

（1）开门器只能用手动泵供油工作。

（2）开门器为单作用油缸，只用手动泵带阳口的出油油管。

（3）插接前将阴口上的滑动套向后退到底，插入后再向前推到底。工作前必须确认阳口和阴口已插接牢靠。

2. 工作。开门器工作时，一般需要两个人配合工作，一个人将开门器两只并拢的底脚尖楔插进需打开的门、窗等被开启对象带锁部位的缝隙中，另一个人关闭（逆时针旋转）手动泵上的手控开关阀后压动手柄，向开门器供油，开门器的两个底脚即开始撑开，将缝隙逐渐开大（最大 100 mm），如图 3—6 所示。

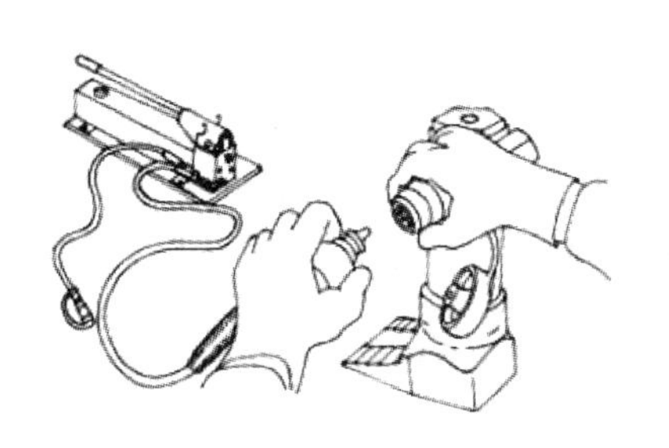

图 3—5　开门器的连接

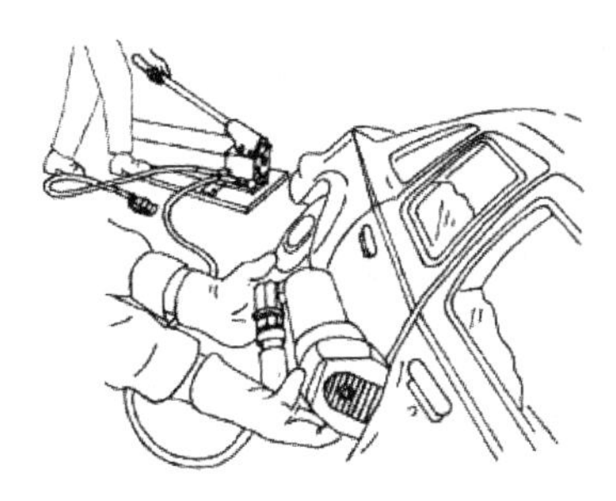

图 3—6　开门器的工作

3. 若门缝隙过小，难以将开门器尖楔插入门缝，可使用手槌或榔头敲击开门器底脚下部，使底脚尖楔逐渐楔入门缝，最好使其伸到接近尖楔的根部，然后再向开门器供油。

4. 当门已撬开到所要求的张开程度后，将门打开（必要时可使用手动破拆工具协同作业）。

5. 开门器完成作业后，先打开手动泵的手控开关阀（逆时针松开手控开关阀）。开门器的两底脚在油缸内弹簧的作用下逐渐收拢，取下开门器。为了加速使底脚回位，可以用手在开门器油缸上部按压，直到底脚完全收拢回位。然后与手动泵的快速接口脱开，各自套上防尘帽。

6. 清洁开门器各部分，将油污擦干净，以备下次使用。

## 三、注意事项

1. 用手锤或榔头敲击开门器底脚时，要注意用力适当。

2. 不应使开门器底脚承受过大的冲击性载荷，以免断裂。

# 第 3 节　常见救生器材

## 一、安全绳

安全绳是救助人员在灭火救援、抢险救灾或日常训练中仅用于承载人的绳子，用于自救和救人。安全绳按设计负载可分为轻型安全绳与通用型安全绳两类，按延伸率大小可分为动态绳和静态绳。

### 1. 概述

安全绳由原纤维制成。安全绳为连续结构，主承重部分由连续纤维制成。安全绳采用夹心绳结构，如图 3—7 所示。安全绳表面应无任何机械损伤现象，整绳粗细均匀结构一致。安全绳的长度可根据需要裁制，但不宜小于 10 m。

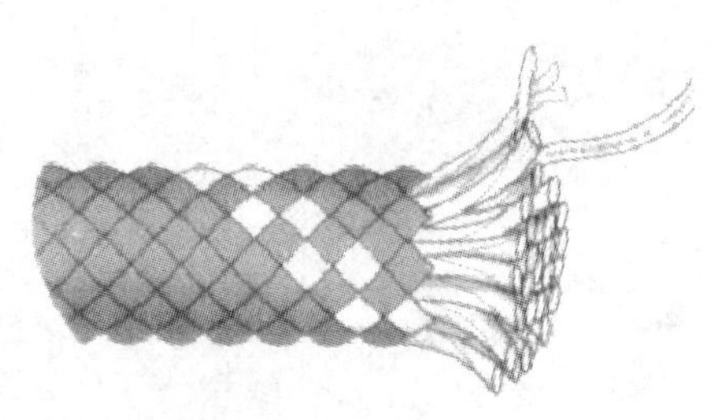

图 3—7　安全绳

### 2. 主要技术性能

（1）绳索直径。轻型安全绳直径为 9.5 mm～12.5 mm，通用型安全绳直径为 12.5 mm～16.0 mm。

（2）最小破断强度。轻型安全绳最小破断强度不小于 20 kN，通用型安全绳最小破断强度不小于 40 kN。

（3）延伸率。承重达到最小破断强度的 10%时，安全绳的延伸率不小于 1%且不大于 10%。

（4）耐高温性能。置于 204℃±5℃的干燥箱内 5 min 后，安全绳不出现融熔、焦化现象。

### 3. 使用与维护

（1）使用

1）依据产品说明书中的检查程序定期对安全绳进行检查。

2）使用安全绳应参阅产品说明书，不遵照产品说明书将会造成严重后果。

3）若安全绳未能通过检查或其安全性出现问题，应更换安全绳并将旧绳报废。

4）应保护安全绳不被磨损，在使用中尽可能避免接触尖锐、粗糙或可能对安全绳造成划伤的物体。

5）安全绳使用时如必须经过墙角、窗框、建筑外沿等凸出部位，应使用绳索护套或便携式固定装置、墙角护轮等设备以避免绳体与建筑构件直接接触。

6）不应将安全绳暴露于明火或高温环境中。

7）产品说明书与安全绳分开时，应将其保存并做记录；将安全绳产品说明书备份，将备份件与安全绳放在一起。

（2）安全检查和报废准则。使用前后应仔细检查整根绳索外层有无明显破损、高温灼伤，有无被化学品浸蚀，内芯有无明显变形，如出现上述问题，或安全绳已发生剧烈坠落冲击，该安全绳应立即报废。安全绳至使用年限后应立即报废。

（3）维护与保养

1）洗涤。安全绳可放入40℃以下的温水中用肥皂或中性洗涤液轻轻擦洗，再用清水漂洗干净，然后晾干。不得浸入热水中，不得日光暴晒或用火烘烤，不可使用硬质毛刷刷洗，不得使用热吹风机吹干。禁止使用酸、溶剂等化学物质进行清洗。

2）储存。安全绳应保持清洁干燥，防止潮湿腐烂。安全绳如长期存放，要置于干燥、通风的库房内，不得接触高温、明火、强酸和尖锐的坚硬物体，不得暴晒。

**4. 常见的连接方法**

（1）系扣结绳

1）单结。操作要领：救援员提起绳索一端做一绳圈，将绳头穿入圈内拉紧，完成操作，如图3—8所示。

图3—8　单结绳法示意图

操作要求：动作要正确、熟练；单结不易解开，一般不单独使用。

2）止结。操作要领：救援员提起绳索一端做一“8”字形环，将端头穿入绳圈内，然后将绳索收紧，完成操作，如图3—9所示。

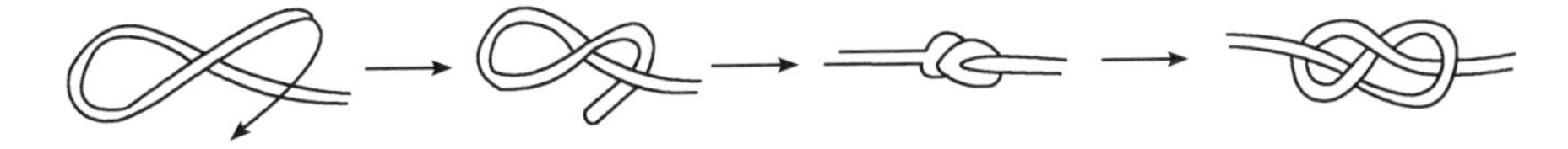

图3—9　止结示意图

操作要求：动作要正确、熟练。

3）双套腰结（椅子结）。操作要领：

①方法一。救援员右手提起绳索对折成两股，左手穿入绳环中，张开虎口抓住绳索，成双层绳环，右手取双层绳环交叉处，左手由双层绳环外穿入绳环中，抓住右手作的双股

绳，然后双手收紧绳索，完成操作，如图 3—10 所示。

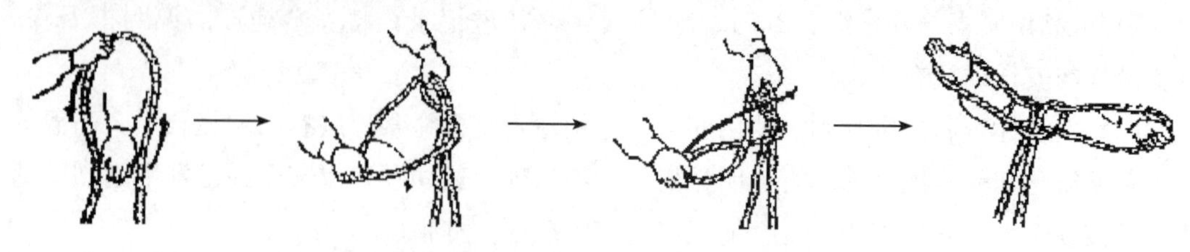

图 3—10　双套腰结方法一示意图

②方法二。救援员提起绳索对折后，在靠近绳耳端做一绳圈，然后将绳耳穿入绳圈，当穿入绳圈一段距离后，将绳耳分成单股并向上翻起，一只手握住两股绳索，另一只手握住双股绳耳往相反方向收紧绳索，完成操作，如图 3—11 所示。

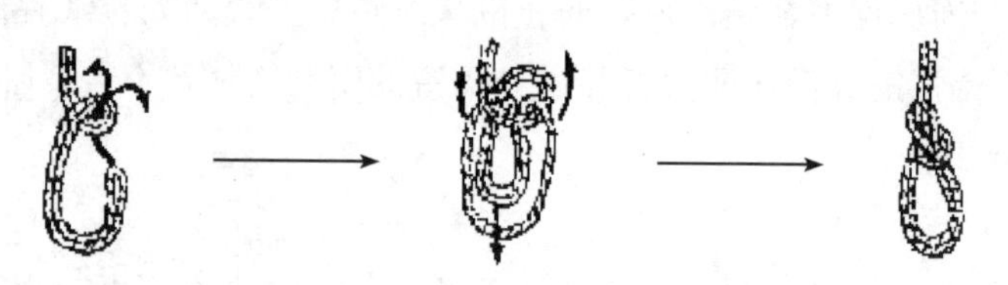

图 3—11　双套腰结方法二示意图

操作要求：动作要正确、熟练。

4）三套腰结。操作要领：

①方法一。救援员提起绳索对折后，在靠近绳耳端做一绳圈，然后将绳耳穿入绳圈，当穿入绳圈一段距离后，绕向另一端再穿入绳圈内收紧绳索，完成操作，如图 3—12 所示。

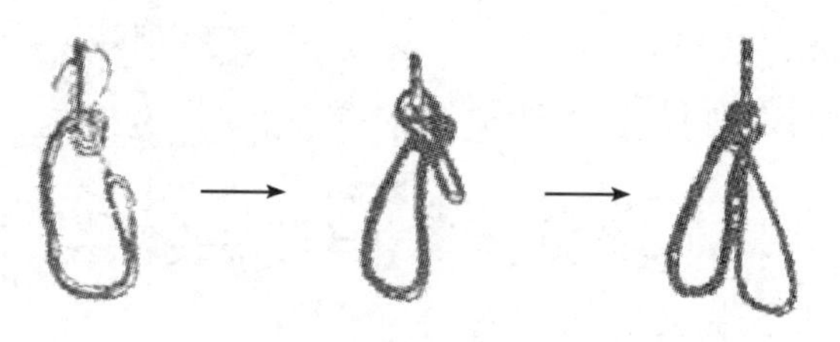

图 3—12　三套腰结方法一示意图

②方法二。救援员提起绳索一端折成四股，双手分握两端，左手持绳头，右手持绳环，将右手中的绳环搭于左臂上，再将右手穿入搭于左臂上的绳环，抓住双股绳头将绳收紧绳索，完成操作，如图 3—13 所示。

操作要求：动作要正确、熟练。

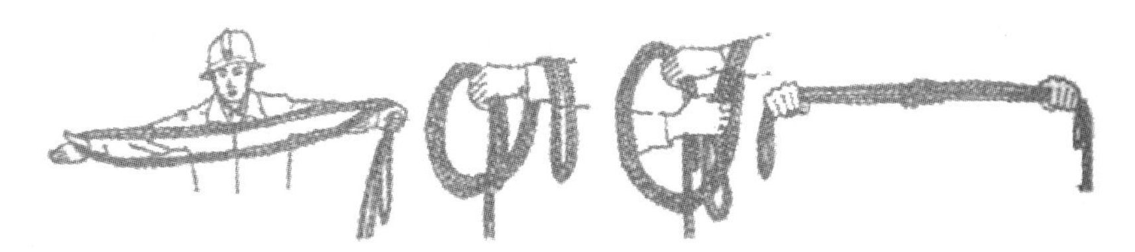

图 3—13　三套腰结方法二示意图

（2）捆绑结绳

1）卷结。操作要领：

①方法一。救援员在绳索中间做成两个绳圈，并将两个绳圈重叠套入木杆，收紧木杆两侧绳索，完成操作，如图 3—14 所示。

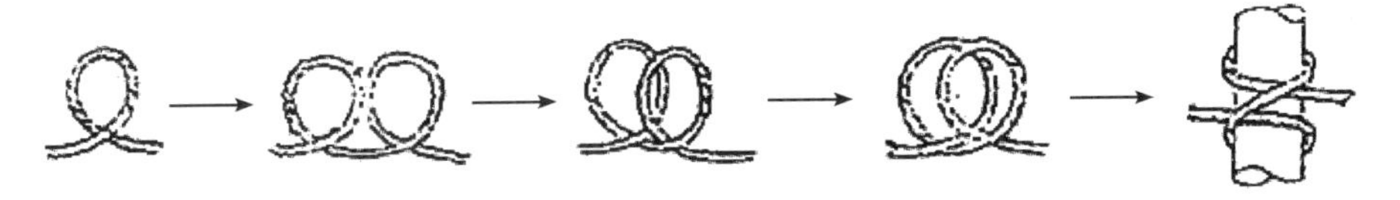

图 3—14　卷结方法一示意图

②方法二。救援员提起绳索的端头在物体上做两个绳圈，然后将绳索收紧，完成操作，如图 3—15 所示。

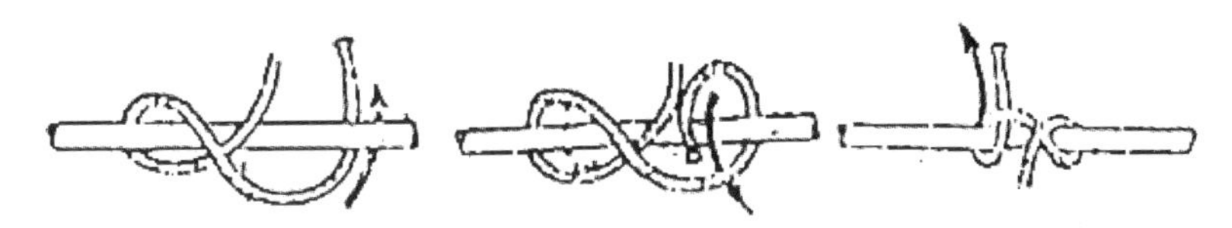

图 3—15　卷结方法二示意图

操作要求：动作要正确、熟练。

2）腰结。操作要领：救援员拿起绳索的一端做一绳圈，将端头穿入绳圈内，绕向另一端，穿入绳圈内收紧，完成操作，如图 3—16 所示。

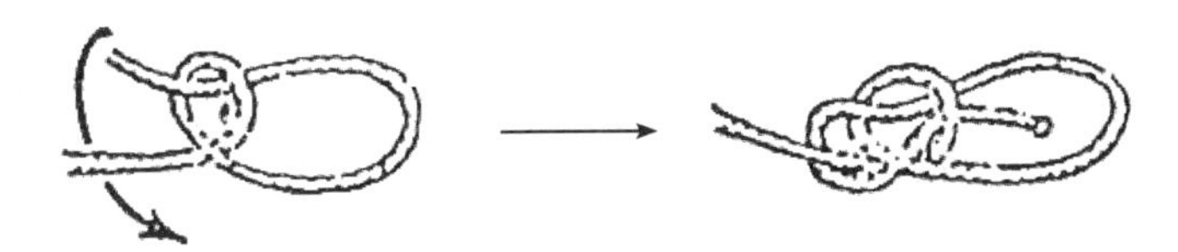

图 3—16　腰结示意图

操作要求：动作要正确、熟练；绳索端头长度要留有 20 cm 以上。

（3）连接结绳

1）双平结。操作要领：救援员将两根安全绳的各一端弯折成两股，做成绳耳，将绳索穿入相对的绳耳内收紧，完成操作，如图 3—17 所示。

操作要求：动作要正确、熟练；结扣要牢固；绳索端头长度要留有 20 cm 以上。

图 3—17　双平结示意图

2）双重连结。操作要领：救援员做好操作准备。

①方法一。救援员提起两根粗细不一样绳索的各一端分别相交成“十”字形，下面一根绳索于上面绳索上做一绳耳，将上面一根强索中的一端窗入绳耳内，然后将绳索收紧，操作完成，如图 3—18 所示。

图 3—18　双重连结方法一示意图

②方法二。救助员将一根粗安全绳的一端做成绳耳，并用手将绳索握紧，另一根细绳索的一端穿过绳耳，并在绳耳内绕两圈，然后将绳索收紧，操作完成，如图 3—19 所示。

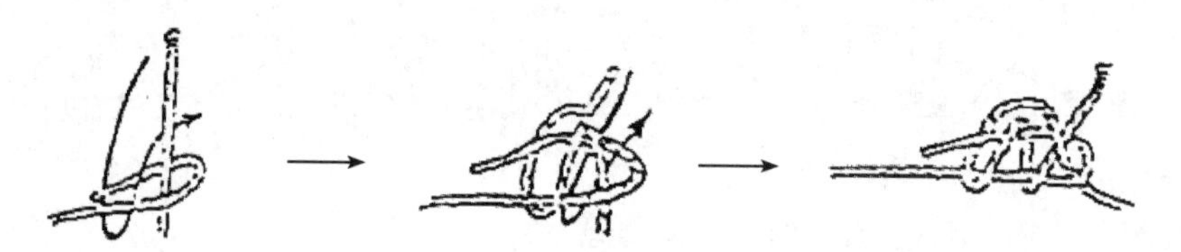

图 3—19　双重连结方法二示意图

操作要求：动作要正确、熟练。

（4）特殊连接

1）活扣连结（鸡抓扣结绳法）。操作要领：救援员将安全绳或抛绳对折成两股，将中央段绳耳放在另一根安全绳上，然后将两股安全绳或抛绳通过绳耳在另一根安全绳上环绕两周，手拉两股安全绳或抛绳将绳耳收紧，完成操作，如图 3—20 所示。

操作要求：动作要正确、熟练。

2）结节。操作要领：救援员拿起绳索结成三个绳圈，然后将端头穿入绳圈内收紧，完成操作，如图 3—21 所示。

操作要求：动作要正确、熟练；结扣间距要在 30～35 cm 之间；实际应用时按实际需

图 3—20　活扣连结示意图

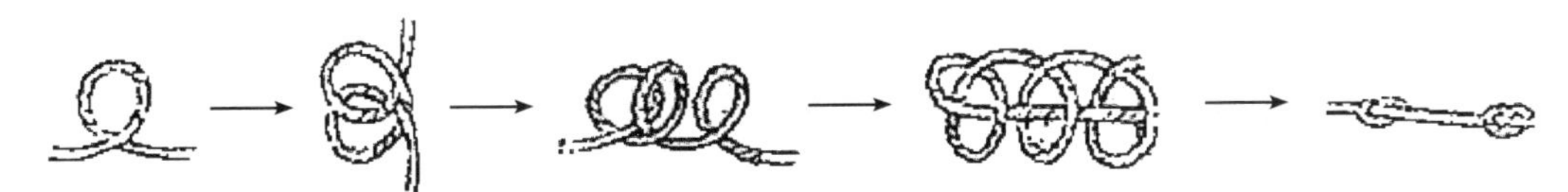

图 3—21　结节示意图

要可结成若干个绳结。

## 二、救生软梯

### 1. 概述

救生软梯（见图 3—22）是一种用于营救和撤离被困人员的移动式梯子，它可收藏在包装袋内，在楼房建筑发生火灾或意外事故，楼梯通道被封闭的危急遇险情况下，救生软梯是进行救生脱险的有效工具。

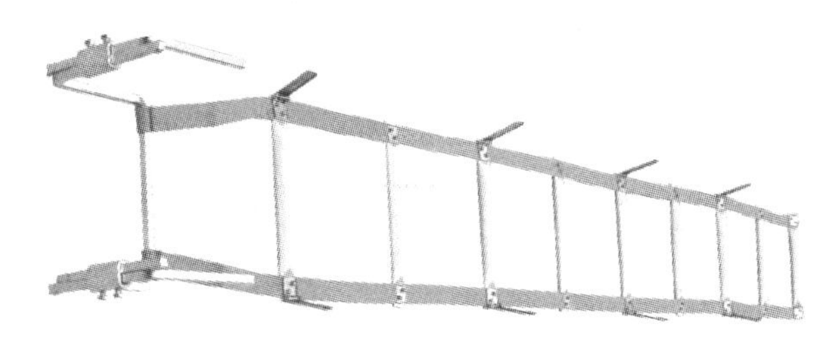

图 3—22　救生软梯

### 2. 组成与主要部件

救生软梯一般由钩体和梯体两大部分组成。救生软梯主要部件包括钢制梯钩（固定在窗台墙上）、边索、踏板和撑脚。

### 3. 规格与适用范围

救生软梯适用于七层以下楼宇、非明火环境下、在突发事故发生时救援或逃生。救生软梯的规格见表 3—1。

表 3—1　　救生软梯规格

<table>
<tr><th rowspan="2">整梯长度<br>（mm）</th><th rowspan="2">负荷<br>（kg）</th><th rowspan="2">梯宽<br>（mm）</th><th rowspan="2">踏板间距<br>（mm）</th><th colspan="2">边索（mm）</th><th rowspan="2">撑脚高度<br>（mm）</th><th colspan="2">梯钩（U 字形）（mm）</th></tr>
<tr><th>宽</th><th>厚</th><th>宽度</th><th>深度</th></tr>
<tr><td>7 000±50</td><td>900</td><td rowspan="5">260±5</td><td rowspan="5">335±5</td><td rowspan="5">37±3</td><td rowspan="5">1.6±0.1</td><td rowspan="5">100±2</td><td rowspan="5">70～290<br>之间可无级调节</td><td rowspan="5">170±10</td></tr>
<tr><td>10 000±50</td><td>900</td></tr>
<tr><td>13 000±50</td><td>900</td></tr>
<tr><td>16 000±50</td><td>1 200</td></tr>
<tr><td>19 000±50</td><td>1 200</td></tr>
</table>

### 4. 主要技术性能

（1）梯身质量。梯长为 5 m 的梯身质量应不超过 6 kg，每增加 1 m 长度，增重不超过 0.8 kg。

（2）展开时间。救生软梯的展开时间应不大于 60 s。

（3）整体强度。应不低于表 3—1 负荷量；整梯浸水 4 h，取出后整体强度仍应不低于表 3—1 负荷量。

（4）踏板抗弯性能。踏板的弯曲残余变形比值应不大于 1%。

（5）踏板抗剪切性能。经 2 450 N 载荷的剪切试验后，踏板与边索的连接处及踏板和边索本身不应有任何断裂迹象，各连接处不应松动，梯钩和撑脚不应损坏。

（6）边索的阻燃性能。应符合 GB 8624 中规定的可燃级材料 B2 级的要求。

### 5. 使用方法

救生软梯通常盘卷放于包装袋内（缩合状态），使用时，将窗户打开后，把梯钩安全地钩挂在牢固的窗台上或窗台附近其他牢固的物体上，而后将梯体向窗外垂放，放好即可使用。用户应根据楼层高度和实际需求选择不同规格的救生软梯。

### 6. 维护保养

软梯应存放在通风、干燥、无蛀、无鼠害的室内，不允许露天存放，更不得受潮和重压。每次用完后，应将软梯折叠起来，并与附件一起装入人造革包装袋内。

## 三、缓降器

### 1. 概述

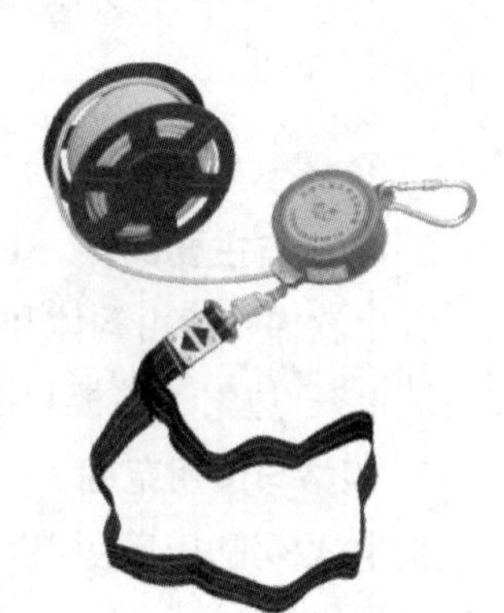

图 3—23　缓降器

缓降器（见图 3—23）是一种使用者靠自重以一定的速度沿绳索自动下降并能往复使用的逃生器材。它通常是由安全钩、安全带、绳索、调速器、金属连接件及绳索卷盘组成。下降速度随人体质量而定，整个下降速度比较均匀，不需要人进行辅助控制，可往复连续救生。它可安装于建筑物窗口、阳台或楼平顶等处，也可安装在举高消防车上，营救受难人员。

2. 主要技术参数

（1）额定载荷通常为35～100 kg。

（2）绳索

1）钢丝绳索外表面应无磨损现象，直径不应小于3 mm，材质应符合GB/T 8918的要求。

2）有芯绳索：绳芯——采用航空用钢丝绳，材质应符合YB/T 5197的要求。外层——材质为棉纱或合成纤维材料。全绳应结构一致，编织紧密，粗细均匀并无扭曲现象。

（3）安全带的织带应为棉纱或合成纤维材料，带宽应不小于50 mm，带厚应不小于2 mm，并设有能调节安全带尺寸大小以适合不同体型使用者佩戴的扣环。

（4）安全钩应有保险装置。

（5）绳索卷盘应采用塑料、橡胶等非金属材料。

（6）下降速度均应在0.16～1.5 m/s之间。

3. 使用方法

（1）将调速器用安全钩挂在预先安装好的挂钩板上或用安全钩、连接用钢丝绳将其挂在坚固的支撑物上（暖气管道，上下水管道，楼梯栏杆等处）。对已安装了安装箱的用户，可在紧急情况发生时打碎玻璃取出调速器，如图3—24所示。

（2）将钢丝绳盘顺室外墙面投向地面，且保证钢丝绳顺利展开至地面，如图3—25所示。

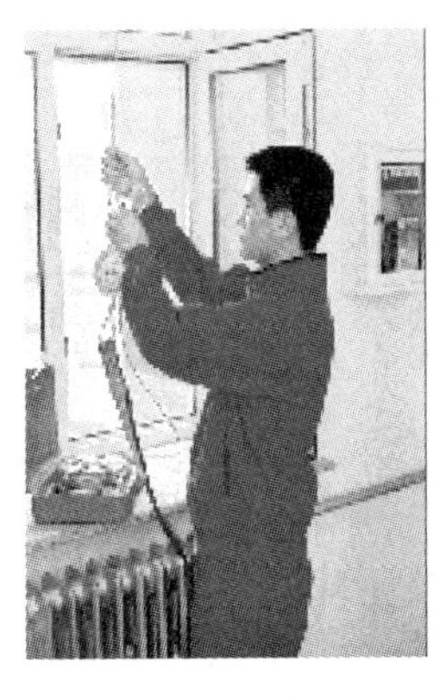

图3—24　挂好调速器

图3—25　展开钢丝绳

（3）使用者系好安全带，将带夹调整适度，如图 3—26 所示。

（4）使用者站在窗台上，拉动钢丝绳长端，使其短端处于绷紧状态，如图 3—27 所示。

图 3—26　系好安全带

图 3—27

（5）使用者双手扶住窗框将身体悬于窗外，松开双手，开始匀速下降，如图 3—28 所示。

（6）下降过程中，面朝墙，双手轻扶墙面，双脚蹬墙，以免擦伤，如图 3—29 所示。

图 3—28

图 3—29

（7）使用者安全落地后，摘下安全带，迅速离开现场。

（8）当第一个人着地后，绳索另一端的安全吊带已升至救生器悬挂处，第二个人即可套上安全吊带后下滑，依次往复，连续使用，如图 3—30 所示。

**4. 注意事项**

（1）救生器摩擦轮毂内严禁注油，以免摩擦块打滑而造成滑降人员坠落伤亡事故。

（2）使用救生器时，滑降绳索不允许同建筑（窗台、墙壁或其他构件）接触摩擦，以免影响滑降速度及使用寿命。

（3）滑降绳索编织保护层严重剥落、破损时，须及时更换新绳。

**5. 维护保养**

图 3—30

（1）存放的库房应通风良好。禁止与油脂酸类、易燃品及有腐蚀性的物品混放在一起。

（2）不得随意拆卸，使用完毕，如沾水，应将安全吊绳晾干，并按原放位置装好。

（3）使用后，应清除脏物，必要时可用淡水清洗缓降滑带，晾前不允许拧水，晾时避免烈日暴晒。

（4）使用次数满 50 次，要将缓降器拆卸检查、清洁及更换润滑脂。

（5）对库房内保管的缓降器应定期进行质量检查，缓降器

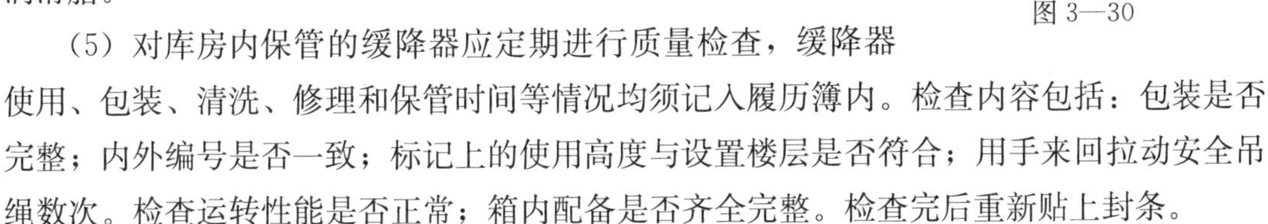

使用、包装、清洗、修理和保管时间等情况均须记入履历簿内。检查内容包括：包装是否完整；内外编号是否一致；标记上的使用高度与设置楼层是否符合；用手来回拉动安全吊绳数次。检查运转性能是否正常；箱内配备是否齐全完整。检查完后重新贴上封条。

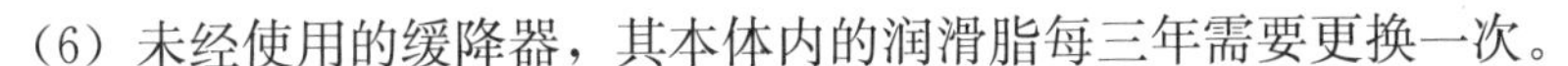

（6）未经使用的缓降器，其本体内的润滑脂每三年需要更换一次。

## 四、多功能担架

**1. 概述**

多功能担架（见图 3—31），一般由专用垂直吊绳、专用平行吊带、专用 D 形环、担架包装带等组成。多功能担架体积小，质量极轻，可单人操作，便于携带，可水平或垂直吊运。多功能担架用于紧急救援、深井及狭窄空间救助、高空救助、地面一般救助、化学事故现场救助等，应用范围相当广泛。

**2. 性能**

（1）材料：由特殊复合材料制成。

（2）载重：≥120 kg。

（3）耐温：－20℃～＋45℃。

（4）质量：≤5.2 kg。

**3. 维护保养与注意事项**

图 3—31　多功能担架

（1）不得用带油的布擦拭，避免长期暴晒在阳光下，以免损坏塑料材料。

（2）尽量避免使用利器刮割担架。

（3）使用中严禁用吊环直接悬吊担架。

（4）使用后，担架两侧的绑带、专用的平行吊带

和垂直吊绳通常用中性洗涤剂或肥皂清洗干净，以免损坏塑料材料。

（5）化学事故现场用完后，担架必须严格按照化学洗消程序进行处理后保存，在有放射性物质场所用完后，使用过的绑带专用平行吊带、垂直吊绳必须更换。

## 五、安全带

### 1. 概述

消防安全带分为消防安全吊带和消防安全腰带。安全吊带按其结构形式可以分为坐式安全吊带、胸式安全吊带和全身式安全吊带，通常国外救援组织常用坐式安全吊带与全身式安全吊带两种。胸式安全吊带不能单独作为救援用安全吊带，可与坐式安全吊带配合使用。另外救援作业的内容不同对安全吊带的功能要求也不一样，为达到相应的功能用途，安全吊带具有不同的形式结构设计。消防安全吊带可分Ⅰ型消防安全吊带、Ⅱ型消防安全吊带、Ⅲ型消防安全吊带三类。

消防安全吊带是一种围于躯干的带有必要金属零件的织带，用于承受人体质量以保护其安全。消防安全吊带的腰部前方或胸剑骨部位至少有一个承载连接部件，其承重织带宽度不小于 40 mm 且不大于 70 mm。

（1）Ⅰ型消防安全吊带。设计负荷为 1.33 kN，固定于腰部、大腿或臀部以下部位，适用于紧急逃生。Ⅰ型消防安全吊带由腰部织带、腿带、腰带带扣、织带拉环等零部件构成，为坐式安全吊带，如图 3—32 所示。

（2）Ⅱ型消防安全吊带。设计负荷为 2.67 kN，固定于腰部、大腿或臀部以下部位，适用于救援。Ⅱ型消防安全吊带由织带、腰带带扣、腿带带扣、拉环等零部件构成，为坐式安全吊带，如图 3—33 所示。

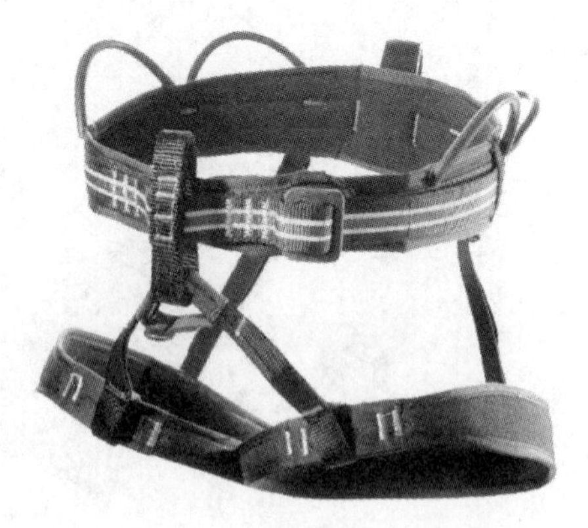

图 3—32 Ⅰ型消防安全吊带

图 3—33 Ⅱ型消防安全吊带

（3）Ⅲ型消防安全吊带。设计负荷为 2.67 kN，固定于腰部、大腿或臀部以下部位和上身肩部、胸部等部位，适用于救援，可以为分体或连体结构。Ⅲ型消防安全吊带由织带、前部拉环、后背拉环、后背衬垫和带扣等零部件构成，为全身式安全吊带，如图 3—34 所示。

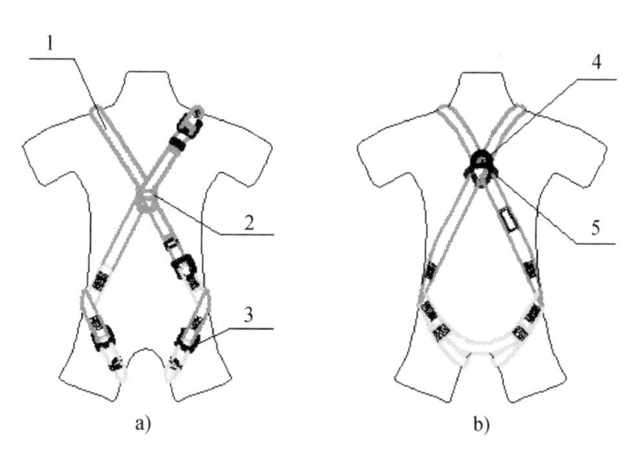


图 3—34　Ⅲ型消防安全吊带

a）前部　b）后部

1—织带　2—前部拉环　3—带扣　4—后背拉环　5—衬垫

消防安全吊带可调节尺寸大小以适合体型佩戴。

**2. 主要技术性能**

消防安全带的技术性能符合 GA 494—2004《消防用防坠落装备》标准中相关规定的要求。

（1）静负荷性能。安全带整带静负荷性能见表 3—2。

**表 3—2**　　**消防安全带整带静负荷性能**　　（kN）

| 名称 | 正立方向静负荷性能 | 倒立方向静负荷性能 | 水平方向静负荷性能 |
| --- | --- | --- | --- |
| 消防安全腰带 | 13 | / | 10 |
| Ⅰ型消防安全吊带 | 22 | / | / |
| Ⅱ型消防安全吊带 | 22 | / | 10 |
| Ⅲ型消防安全吊带 | 22 | 10 | 10 |

（2）抗冲击性能。用 136 kg 冲击物，冲击距离 1 m（用钢丝绳牵引正立放置冲击一次，倒立放置冲击一次）试验时，安全带不从人体模型上松脱，且不出现影响其安全性能的明显损伤。

（3）耐高温性能。置于温度为 204℃±5℃的干燥箱内 5 min，安全带的织带和缝线不出现融熔、焦化现象。

3. **使用与维护**

（1）使用

1）使用安全带前必须进行专业的训练，熟悉安全带操作方法。

2）为了保持器材状态良好，做到专人专用。

3）使用前后应检查安全带，确认其安全状况，若出现影响强度机能的破损，要立即停止使用。

4）若安全带未能通过检查或其安全性出现问题，应更换并将旧带报废。

5）不能将安全带暴露于明火或高温环境。

6）产品说明书与安全带分开时，应将其保存并做记录；将安全带产品说明书备份，将备份件与安全带放在一起。

（2）检查程序与报废准则。每次使用后都应对消防安全带进行检查，检查程序如下：

1）查织带是否有割口或磨损的地方，是否有变软和变硬的地方，是否褪色以及是否有熔化纤维。

2）检查缝线是否有磨损和断开，缝合处是否牢固。

3）检查金属部件有无变形、损坏，是否有锐边。

如出现上述问题，或已发生剧烈冲击、坠落冲击，该消防安全带应报废。安全带正常使用寿命为3年，但是以下情况会缩短产品寿命：不适当的存放，不适当的使用，作业任务中造成冲击，机械磨损，与酸碱等化学物质接触过，暴露于高温环境。

（3）维护与保养

1）洗涤。安全带可放入40℃以下的温水中用肥皂或中性洗涤液轻轻擦洗，再用清水漂洗干净，然后晾干。不得浸入热水中，不得日光暴晒或用火烘烤，不可使用硬质毛刷刷洗，不得使用热吹风机吹干。禁止使用酸、溶剂等化学物质进行清洗。

2）储存。消防安全带应储存在干燥、通风的环境，避免与腐蚀性气体及过冷或过热的环境接触，不得接触高温、明火、强酸和尖锐的坚硬物体，不得暴晒。

# 第4节　常见绝缘工具

绝缘是指用绝缘材料把带电体封闭起来，借以隔离带电体或不同电位的导体，使电流能按一定的通路流通。

绝缘工具分为基本安全绝缘工具和辅助安全绝缘工具。基本安全绝缘工具是指绝缘强度足以承受电气运用电压的安全用具，如绝缘棒、绝缘夹钳、绝缘台（梯）。辅助绝缘工具是指不足以承受电气运行电压，在电气作业中，配合基本安全用具（如绝缘手套、绝缘垫、绝缘鞋等）不可以接触带电部分。

## 一、绝缘棒

### 1. 概述

绝缘棒又称令克棒、绝缘拉杆、操作杆等，属于基本安全用具。绝缘棒由工作头、绝缘杆和握柄三部分构成，如图 3—35 所示。

绝缘棒主要用在闭合或拉开高压隔离开关，装拆携带式接地线，以及进行测量和试验时使用。

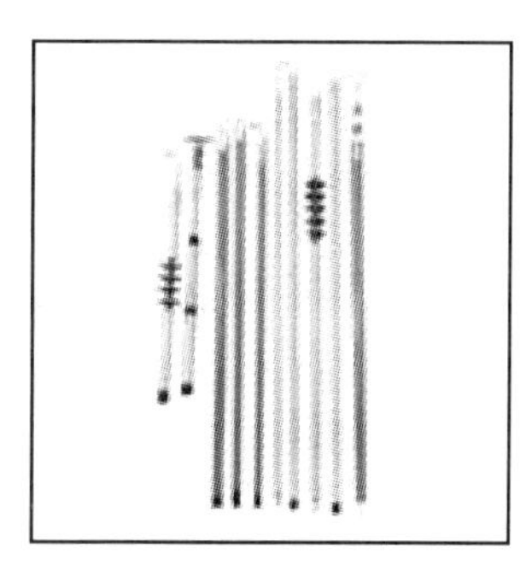

图 3—35　绝缘棒

### 2. 操作要求

（1）为保证操作时有足够的绝缘安全距离，绝缘操作杆的绝缘部分长度不得小于 0.7 m。

（2）要求它的材料要耐压强度高、耐腐蚀、耐潮湿、机械强度大、质轻、便于携带，一个人能够单独操作。

（3）三节之间的连接应牢固可靠，不得在操作中脱落。

### 3. 注意事项

（1）使用前必须对绝缘操作杆进行外观的检查，外观上不能有裂纹、划痕等外部损伤。

（2）绝缘棒必须是经校验后合格的，不合格的严禁使用。

（3）绝缘棒必须适用于操作设备的电压等级，且核对无误后才能使用。

（4）雨雪天气必须在室外进行操作时要使用带防雨雪罩的特殊绝缘操作杆。

（5）操作时在连接绝缘操作杆的节与节的螺纹时要离开地面，不可将杆体置于地面上进行，以防杂草、土进入螺纹中或黏附在杆体的外表上，螺纹要轻轻拧紧，螺纹未拧紧不可使用。

（6）使用时要尽量减少对杆体的弯曲力，以防损坏杆体。

（7）使用后要及时将杆体表面的污迹擦拭干净，并把各节分解后装入一个专用的工具袋内，存放在屋内通风良好、清洁干燥的支架上或悬挂起来，尽量不要靠近墙壁，以防受潮，破坏其绝缘。

（8）对绝缘操作杆要有专人保管。

（9）半年要对绝缘操作杆进行一次交流耐压试验，不合格的要立即报废，不可降低其标准使用。

## 二、绝缘夹钳

### 1. 概述

绝缘夹钳是用来安装和拆卸高压熔断器或执行其他类似工作的工具，主要用于 35 kV 及以下电力系统。

绝缘夹钳由工作钳口、绝缘部分和握手三部分组成；各部分都用绝缘材料制成，所用材料与绝缘棒相同，只是工作部分是一个坚固的夹钳，并有一个或两个管形的开口，用以夹紧熔断器，如图 3—36 所示。

### 2. 注意事项

（1）使用时绝缘夹钳不允许装接地线。

（2）潮湿天气时只能使用专用的防雨绝缘夹钳。

（3）绝缘夹钳应保存在特制的箱子内，以防受潮。

（4）绝缘夹钳应定期进行试验，试验方法同绝缘棒，试验周期为一年，10～35 kV 夹钳实验时施加 3 倍线电压，220 V 夹钳施加 400 V 电压，110 V 夹钳施加 260 V 电压。

## 三、电绝缘鞋

### 1. 概述

电绝缘鞋就是使用绝缘材料制做的一种安全鞋，属于辅助安全工具。

### 2. 使用范围

电绝缘鞋的适用范围，新标准中明确地指出：耐实验电压 15 kV 以下的电绝缘皮鞋和布面电绝缘鞋，应用在工频（50—60 F）1 000 V 以下的作业环境中，15 kV 以上的试验电城市的电绝缘胶鞋，适用于工频 1 000 V 以上作业环境中。

### 3. 式样

电绝缘鞋的式样如图 3—37 所示。

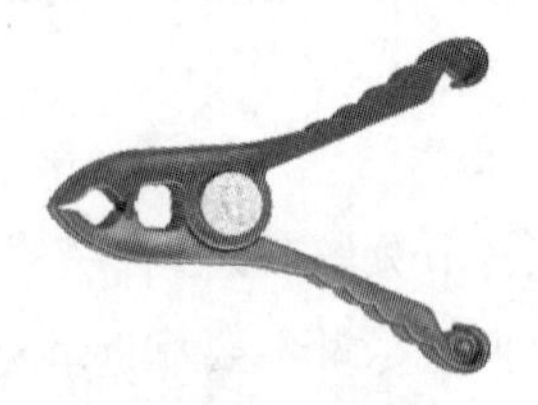

图 3—36　绝缘夹钳

图 3—37　电绝缘鞋

### 4. 标准要求及标志

据新标准要求，电绝缘鞋外底的厚度不含花纹不得小于 4 mm，花纹无法测量时，厚度不应小于 6 mm。

(1) 在每双鞋的帮面或鞋底上应有标准号，电绝缘字样（或英文 EH)、闪电标记和耐电压数值。

(2) 制造厂名、鞋名、产品或商标名称、生产年月日及电绝缘性能的检验合格印章。

**5. 注意事项**

(1) 应根据作业场所电压高低正确选用绝缘鞋，低压绝缘鞋禁止在高压电气设备上作为安全辅助用具使用，高压绝缘鞋可以作为高压和低压电气设备上辅助安全用具使用。但不论是穿低压或高压绝缘鞋，均不得直接用手接触电气设备。

(2) 布面绝缘鞋只能在干燥环境下使用，避免布面潮湿。

(3) 绝缘鞋不可有破损。

(4) 穿用绝缘靴时，应将裤管套入靴筒内。穿用绝缘鞋时，裤管不宜长及鞋底外沿条高度，更不能长及地面，保持布帮干燥。

(5) 非耐酸碱油的橡胶底，使用时不可与酸碱油类物质接触，并应防止尖锐物刺伤，鞋面应保持干燥，避免高温和腐蚀性物质。电绝缘鞋若底花纹磨光，露出内部颜色时则不能作为绝缘鞋使用。

(6) 在购买绝缘鞋时，应查验鞋上是否有绝缘永久标记，如红色闪电符号，鞋底是否有耐电压多少伏等；鞋内是否有合格证、安全鉴定证、生产许可证编号等。

(7) 购进绝缘鞋新品应进行交接试验，电绝缘鞋在穿用 6 个月后，应做一次预防性试验，对于因锐器刺穿不合格品，不得再当绝缘鞋使用。

(8) 电绝缘皮鞋外底磨痕长度应不大于 10 mm；电绝缘布面鞋的磨耗减量不大于 1.4 $cm^3$；15 kV 及以下电绝缘胶靴的磨耗减量不大于 1.0 $cm^3$；20 kV 及以上电绝缘胶靴的磨耗减量不大于 1.9 $cm^3$。

## 四、绝缘手套

**1. 概述**

绝缘手套又叫耐高压手套或高压绝缘手套，是用天然橡胶制成，用绝缘橡胶或乳胶经压片、模压、硫化或浸模成型的五指手套。它主要是带电作业中个体防护装备的绝缘防护用品，如图 3—38 所示。

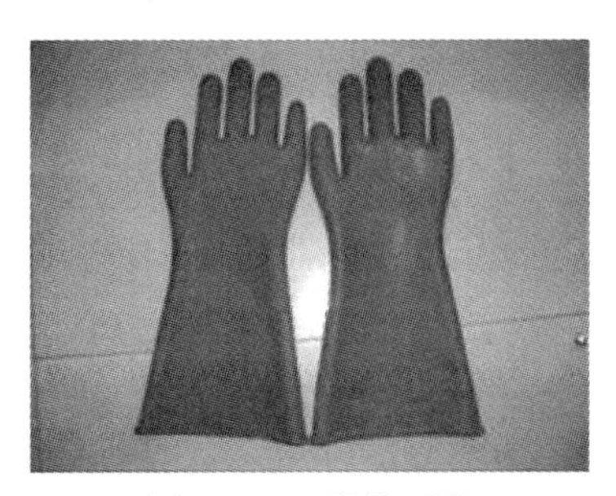

图 3—38　绝缘手套

**2. 注意事项**

(1) 购进手套后如发现在运输、储存过程中遭雨淋、受潮湿发生霉变，或有其他异常变化，应到法定检测机构进行电性能复核试验。

（2）使用前必须进行充气检验，发现有任何破损则不能使用。

（3）作业时应将衣袖口套入筒口内，以防发生意外。

（4）使用后应将内外污物擦洗干净，待干燥后，撒上滑石粉放置平整，以防受压受损，且勿放于地上。

（5）应储存在干燥、通风、室温－15℃～＋30℃、相对湿度50％～80％的库房中，远离热源，离开地面和墙壁 20 cm 以上。避免受酸、碱、油等腐蚀品物质的影响，不要露天放置避免阳光直射，勿放于地上。

（6）使用 6 个月时必须进行预防性试验。

## 五、绝缘垫

### 1. 概述

绝缘垫又称绝缘胶垫、绝缘板、绝缘垫片、绝缘毯。它广泛应用于变电站、发电厂、配电房、试验室以及野外带电作业等。按照电压等级可分 5 kV、10 kV、20 kV、25 kV、35 kV 绝缘垫。按颜色可分为黑色胶垫、红色胶垫、绿色胶垫。如图 3—39 所示。按厚度可分为 2 mm、3 mm、4 mm、5 mm、6 mm、8 mm、10 mm、12 mm 绝缘垫。绝缘垫具有优良的绝缘性能，可在干燥的、气温在－35℃～＋100℃空气中、介电系数要求高的环境中工作。

图 3—39　绝缘垫

### 2. 配置标准

（1）15 kV 绝缘胶垫厚度。3 mm 密度：5.8 kg/m$^2$。颜色：红、绿、黑。

（2）10 kV 绝缘胶垫厚度。5 mm 密度：9.2 kg/m$^2$。颜色：红、绿、黑。

（3）15 kV 绝缘胶垫厚度。5 mm 密度：9.2 kg/m$^2$。颜色：红、绿、黑。

（4）20 kV 绝缘胶垫厚度。6 mm 密度：11 kg/m$^2$。颜色：红、绿、黑。

（5）25 kV 绝缘胶垫厚度。8 mm 密度：14.8 kg/m$^2$。颜色：红、绿、黑。

（6）30 kV—35 kV 绝缘胶垫厚度。10 mm、12 mm 密度：8.4 kg/m$^2$、22 kg/m$^2$。颜色：红、绿、黑。

### 3. 注意事项

绝缘垫上下表面应不存在有害的不规则性。有害的不规则性是指下列特征之一，即破坏均匀性、损坏表面光滑轮廓的缺陷，如小孔、缝、局部隆起、切口、夹杂导电异物、折缝、空隙、凹凸波纹及造标志等。无害的不规则性是指生产过程中形成的表面不规性。

4. 绝缘垫的检测

(1) 绝缘垫厚度检测时，在整个绝缘垫上应随机选择5个以上不同的点进行厚度测量和检查。可使用千分尺或同样精度的仪器进行测量。千分尺的精度应在0.02 mm以内，测量的直径为6 mm，平面压脚的直径为（3.17±0.25）mm，压脚应能施加（0.83±0.03）N的压力。绝缘垫应平展放置，以使千分尺测量之间是平滑的。

(2) 绝缘垫检测国家标准配电室电压10 kV，选8 mm厚工频耐压实验10 000 V，1 min不击穿，在工频耐压实验18 000 V，20 s不击穿。配电室电压35 kV，10～12 mm厚工频耐压实验15 000 V，1 min不击穿，在工频耐压实验26 000 V，20 s不击穿。配电室低压500 V以下，选5 mm厚工频耐压实验3 500 V，1 min不击穿，工频耐压实验10 000 V，20 s不击穿。

## 六、低压验电笔

### 1. 概述

低压验电笔是电工常用的一种辅助安全用具，用于检查500 V以下导体或各种用电器的外壳是否带电。一支普通的低压验电笔，可随身携带，如图3—40所示。

### 2. 使用方法

图3—40　低压验电笔

(1) 判断交流电与直流电口诀是交流明亮直流暗；交流氖管通身亮，直流氖管亮一端。使用低压验电笔之前，必须在已确认的带电体上检测，在未确认验电笔正常之前，不得使用。判别交、直流电时，最好在“两电”之间作比较，这样就很明显。测交流电时氖管两端同时发亮，测直流电时氖管里只有一端极发亮。

(2) 判断直流电正负极口诀是电笔判断正负极，观察氖管要心细；前端明亮是负极，后端明亮为正极。氖管的前端指验电笔笔尖一端，氖管后端指手握的一端，前端明亮为负极，反之为正极。测试时要注意：电源电压为110V及以上；若人与大地绝缘，一只手摸电源任一极，另一只手持测电笔，电笔金属头触及被测电源另一极，氖管前端极发亮，所测触的电源是负极；若是氖管的后端极发亮，所测触的电源是正极，这是根据直流单向流动和电子由负极向正极流动的原理。

(3) 判断直流电源有无接地，正负极接地的区别口诀是变电站直流系统，电笔触及不发亮；若亮靠近笔尖端，正极有接地故障；若亮靠近手指端，接地故障在负极。发电厂和变电站的直流系统，是对地绝缘的，人站在地上，用验电笔去触及正极或负极，氖管是不应当发亮的，如果发亮，则说明直流系统有接地现象；如果发亮在靠近笔尖的一端，则是正极接地；如果发亮在靠近手指的一端，则是负极接地。

（4）判断同相与异相口诀是判断两线相同异，两手各持一支笔；两脚与地相绝缘，两笔各触一要线，用眼观看一支笔，不亮同相亮为异。此项测试时，切记两脚与地必须绝缘。因为我国大部分是 380/220 V 供电，且变压器普遍采用中性点直接接地，所以做测试时，人体与大地之间一定要绝缘，避免构成回路，以免误判断；测试时，两笔亮与不亮显示一样，故只看一支则可。

（5）判断 380/220 V 三相三线制供电线路相线接地故障口诀是星形接法三相线，电笔触及两根亮；剩余一根亮度弱，该相导线已接地；若是几乎不见亮，金属接地的故障。电力变压器的二次侧一般都接成 Y 形，在中性点不接地的三相三线制系统中，用验电笔触及三根相线时，有两根比通常稍亮，而另一根上的亮度要弱一些，则表示这根亮度弱的相线有接地现象，但还不太严重；如果两根亮，而剩余一根几乎看不见亮，则是这根相线有金属接地故障。

# 第二篇　技能操作

# 第 4 章

## 考位一：识别、点验和操作基本防护、登高装备及灭火器

### 1.1.1 原地着消防灭火防护服

**1. 操作条件**

（1）消防头盔 1 个。

（2）消防灭火防护服 1 套。

（3）消防防护靴 1 双。

（4）消防腰带 1 条。

（5）垫子 1 块。

**2. 操作步骤**

（1）检查器材，做好操作准备，如图 4—1 所示。

图 4—1 准备工作

（2）口述灭火防护服适用范围以及保护部位，并指出消防头盔的帽壳、佩戴装置、面罩、披肩和下颏带等主要组成部件。

（3）穿戴灭火防护服：穿戴灭火防护服裤子及消防防护靴，如图 4—2 所示；戴好背

图 4—2 穿戴灭火防护服裤子及消防防护靴

带，如图 4—3 所示；穿灭火防护服上衣，如图 4—4 所示；拉链、搭扣全部拉上、搭好，如图 4—5、图 4—6 所示。

图 4—3　戴好背带

图 4—4　穿好上衣

图 4—5　拉上拉链

图 4—6　扣好搭扣

（4）佩戴消防头盔：根据自身情况调节消防头盔调幅带，如图 4—7 所示，并使披肩处于垂挂状态，如图 4—8 所示，戴帽后，将下颏带搭扣扣紧，然后调节环扣，使下颏带紧贴面部系紧，如图 4—9 所示。调节棘轮，将帽箍系紧，拉下面罩，头盔佩戴完毕，如图 4—10 所示。

图 4—7　调节消防头盔调幅带

（5）佩戴消防腰带，如图 4—11、图 4—12 所示。

（6）器材复位。

**3. 口述参考答案**

适用于消防员在灭火救援时穿着，对消防员的上下躯干、头颈、手臂、腿进行热防护。

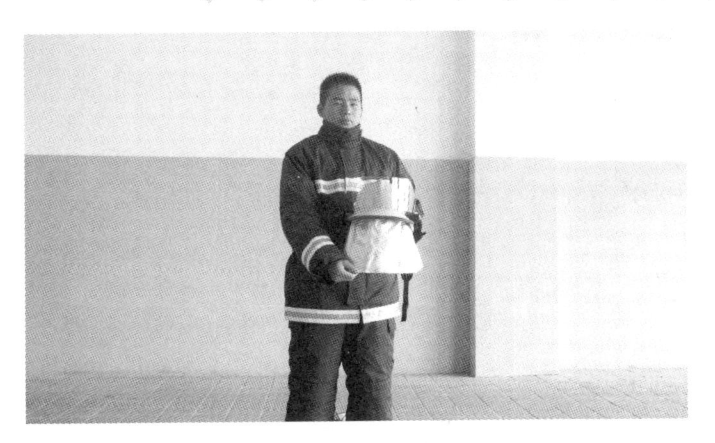

图 4—8　使消防头盔披肩处于垂挂状态

图 4—9　戴上帽子，使下颏带紧贴面部系紧

图 4—10　调好棘轮、拉下面罩

图 4—11　系上腰带

图 4—12　整理好腰带

### 1.1.2　识别、点验、操作单杠梯、6 m 拉梯

**1. 操作条件**

（1）单杠梯 1 个。

（2）6 m 拉梯 1 个。

（3）训练塔 1 座。

**2. 操作步骤**

（1）检查器材，做好操作准备，如图 4—13、图 4—14 所示。

（2）口述单杠梯和 6 m 拉梯的适用范围。

图 4—13　检查器材，做好操作准备 1

图 4—14　检查器材，做好操作准备 2

（3）单杠梯的操作：将单杠梯一端撞地，张开成梯，与地面的夹角为 75°左右，如图 4—15 所示，在技术人员保护下沿梯登高，如图 4—16 所示。

（4）6 m 拉梯的操作：确定架梯区，放置梯脚，确保拉梯展开后与地面的夹角为 75°左右，如图 4—17 所示，在技术人员的协助下竖起拉梯，在确认安全的情况下，站在消防梯外侧，用力拉动拉绳，使上节梯上升。上节梯上升至少 5 个梯磴时，向上松一下拉绳（手不离开拉绳），撑脚自动撑在梯磴上，如图 4—18 所示。将拉绳扎紧于拉梯上，向上攀登至窗口，如图 4—19、图 4—20 所示，沿楼梯下来。向下拉动拉绳将拉梯上升 15 cm 左右，使撑脚离开梯磴，如图 4—21 所示。双手交替缓慢放松绳子，使梯节平稳下降至底档，如图 4—22 所示。

（5）器材复位。

图 4—15　将单杠梯一端接地张开成梯

图 4—16　在技术人员保护下沿梯登高

图 4—17　按要求竖起拉梯

图 4—18　操作拉梯，使撑脚自动撑在梯蹬上

图 4—19　系紧拉绳，并攀登拉梯

图 4—20　攀登至窗口

图 4—21　向下拉动拉绳，使撑脚离开梯蹬

图 4—22　操作绳子，使梯节平稳下降至底档

3. 口述参考答案

（1）单杠梯适用于狭窄区域或室内登高作业，还可跨沟越墙和代替担架使用。

（2）6 m 拉梯适用于队员在训练、灭火救援和抢险救援时登高作业，同时也可用火场破拆、救护担架和过沟、过河架桥之用。

### 1.1.3　原地佩戴空气呼吸器

1. 操作条件

（1）空气呼吸器 1 具。

（2）毛巾 1 条。

（3）消毒棉若干。

（4）垫子1块。

（5）备用钢瓶若干。

**2. 操作步骤**

（1）检查器材，做好操作准备，如图4—23所示。

图4—23　检查器材，做好操作准备

（2）检查气瓶压力及系统气密性：打开气瓶阀，观察压力表，检查气瓶内压力是否符合规定要求，并报告，然后关闭气瓶阀，继续观察压力表读数1 min，检测系统气密性并报告，如图4—24所示。

图4—24　检查气瓶压力及系统气密性

（3）检查报警器：略微打开供气阀上冲泄阀旋钮，将系统管路中的气体缓慢放出，当压力降到 5.5 MPa±0.5 MPa 时，检测报警器是否报警并报告。

（4）检查面罩气密性：用手掌心捂住面罩接口处，深吸气并屏住呼吸 5 s，检测面罩气密性并报告，如图 4—25 所示。

图 4—25　检查面罩气密性

（5）佩戴空气呼吸器：将气瓶底部朝向自己，如图 4—26 所示，背上空气呼吸器，收紧肩带、腰带，如图 4—27 所示；打开气瓶阀，如图 4—28 所示，戴上面罩，收紧面罩带，如图 4—29 所示；连接面罩与供气阀，调整呼吸，如图 4—30、图 4—31 所示。

图 4—26　佩戴空气呼吸器 1

（6）脱卸空气呼吸器：按相反程序脱下空气呼吸器，关上气瓶阀。

（7）器材复位。

图 4—27　佩戴空气呼吸器 2

图 4—28　佩戴空气呼吸器 3

图 4—29　佩戴空气呼吸器 4

图 4—30　佩戴空气呼吸器 5

图 4—31　佩戴空气呼吸器 6

### 1.1.4　识别、点验、操作消防呼救器

**1. 操作条件**

（1）消防呼救器 1 个。

（2）垫子 1 个。

**2. 操作步骤**

（1）检查器材，做好操作准备。

（2）口述如何判断消防呼救器电池是否不足。

（3）呼救器的电源开关控制：开关压入，电源“开”，开关弹起，电源“关”，如图4—32所示。

图4—32　呼救器的电源开关控制

（4）呼救器预报警：按下电源开关，呼救器处于“自动工作状态”，使呼救器静止时间超过允许静止时间时，呼救器发出预报警声响信号和发光管频闪信号，如图4—33所示，晃动呼救器解除预报警信号，如图4—34所示。

图4—33　呼救器预报警

（5）呼救器报警：呼救器处于“自动工作状态”，使呼救器静止时间超过允许静止时间和预报警时间之和，呼救器发出报警信号，晃动呼救器，呼救器不受运动状态的影响，按下呼救器前面的“复位开关”，呼救器复位，如图4—35所示。

图 4—34　解除预报警信号

图 4—35　呼救器报警

（6）呼救器手动报警：呼救器处于“自动工作状态”，按下呼救器前面的“强制报警开关”呼救器发出报警信号，如图 4—36 所示；按下呼救器前面的“复位开关”，解除报警信号，如图 4—37 所示。

（7）器材复位。

**3. 口述参考答案**

按下电源开关，呼救器处于“自动工作状态”，若右上角欠压指示灯常亮，表示电池电量不足，需及时更换或充电。

图 4—36 呼救器手动报警 1

图 4—37 呼救器手动报警 2

## 1.1.5 识别、点验、操作手提式灭火器

### 1. 操作条件

(1) 各种手提式灭火器若干。

(2) 点火棒 1 个。

(3) 铁桶/油桶 1 个。

(4) 木材/汽油。

2. 操作步骤

（1）检查器材，做好操作准备。

（2）按要求选出相应的灭火器，如图 4—38 所示。

图 4—38　按要求选择灭火器

（3）灭火器操作：判断风向，选择上风或侧上风方向，如图 4—39 所示；把灭火器提至起火点前 3 m 处，拔掉灭火器保险销，如图 4—40、图 4—41 所示；正确实施灭火，把火扑灭，如图 4—42 所示。

图 4—39　灭火器操作 1

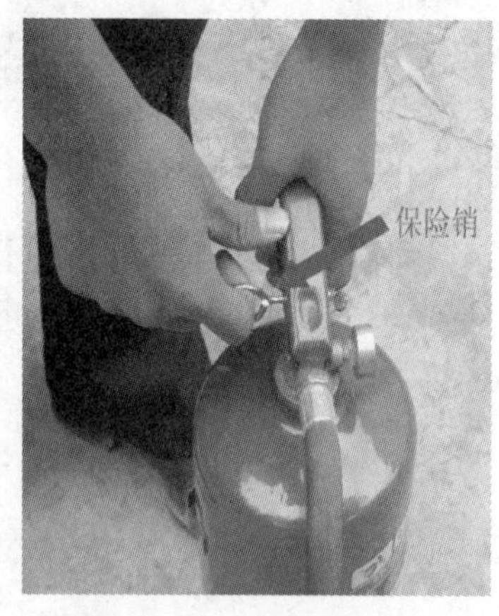


图 4—40　灭火器操作 2

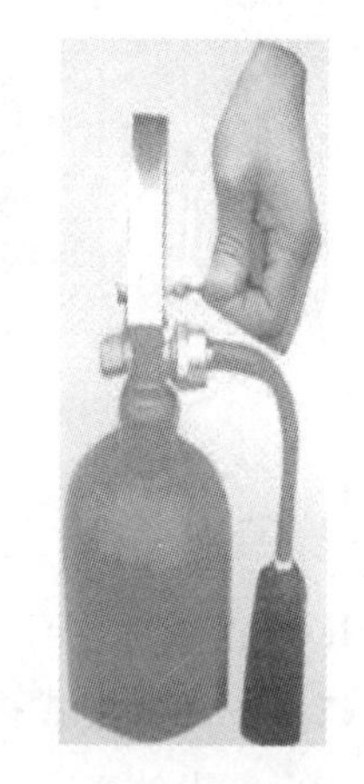

图 4—41　灭火器操作 3

（4）器材复位。

图 4—42　灭火器操作 4

### 1.1.6　识别、点验、操作推车式灭火器

**1. 操作条件**

（1）各种推车式灭火器。

（2）点火棒 1 个。

（3）铁桶/油桶 1 个。

（4）木材/汽油。

**2. 操作步骤**

（1）检查器材，做好操作准备。

（2）按要求选出相应的推车式灭火器，如图 4—43 所示。

（3）灭火器操作：判断风向，选择上风或侧上风方向，如图 4—44 所示；把灭火器提至起火点前 5～7 m 处，取下喷枪，拉直胶管，打开枪阀，如图 4—45 所示；打开容器阀门，如图 4—46 所示，正确实施灭火，把火扑灭。

（4）器材复位。

图 4—43　按要求选择推车式灭火器

图 4—44　灭火器操作 1

图 4—45　灭火器操作 2

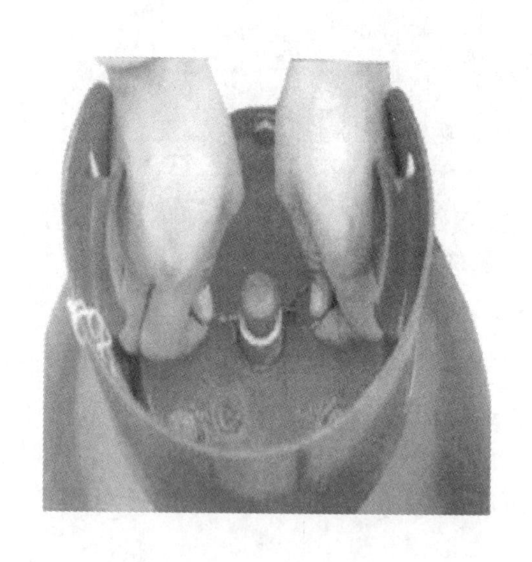

图 4—46　灭火器操作 3

# 第 5 章

## 考位二：识别、点验和操作常规供水、射水器材

### 1.2.1 室外消火栓两带一枪平地出水操

**1. 操作条件**

（1）供水系统。

（2）室外消火栓 1 个。

（3）65 mm 口径无耳卡式水带 2 根。

（4）多功能水枪 1 个。

（5）消火栓专用扳手 1 把。

**2. 操作步骤**

（1）口述室外消火栓的主要部件。

（2）准备器材（水带、水枪），如图 5—1 所示。

（3）用消火栓专用扳手拧开室外消火栓的闷盖，如图 5—2 所示。

图 5—1 准备器材

图 5—2 拧开室外消火栓的闷盖

（4）将消火栓专用扳手套于消火栓杆头，如图 5—3 所示。

（5）旋开消火栓闷盖。

（6）铺设第 1 根水带（如图 5—4 所示），连接第 1 根水带与室外消火栓栓口，如图 5—5

图 5—3 将消火栓专用扳手套于消火栓杆头

图 5—4 铺设第 1 根水带

所示。

（7）连接第 2 根与第 1 根水带，如图 5—6 所示。

图 5—5　连接第 1 根水带与室外消火栓栓口

图 5—6　连接第 2 根与第 1 根水带

（8）连接第 2 根水带与水枪，如图 5—7 所示。

（9）用消火栓专用扳手打开室外消火栓的闸阀，正确实施灭火（如图 5—8）。

图 5—7　连接第 2 根水带与水枪

图 5—8　打开室外消火栓的闸阀

（10）恢复系统（关阀门、闷盖，卷水带），如图 5—9、图 5—10 所示。

图 5—9　收卷水带

图 5—10　恢复系统

3. 口述参考答案

（1）消火栓阀门。

（2）小出水口 2 个（小闷盖）。

（3）大出水口 1 个（大闷盖）。

### 1.2.2 室外消火栓沿 6 m 拉梯登高出水操

1. 操作条件

（1）供水系统。

（2）室外消火栓 1 个。

（3）消防 6 m 拉梯 1 把。

（4）65 mm 口径无耳卡式水带 1 根。

（5）多功能水枪 1 个。

（6）消火栓专用扳手 1 把。

2. 操作步骤

（1）口述室外消火栓的主要部件。

（2）准备器材（水带、水枪、架设 6 m 拉梯），如图 5—11 所示。

（3）用消火栓专用扳手拧开室外消火栓的闷盖，如图 5—12 所示。

图 5—11　准备器材

图 5—12　拧开室外消火栓的闷盖

（4）将消火栓专用扳手套于消火栓杆头，如图 5—13 所示。

（5）旋开消火栓闷盖。

（6）铺设水带并连接室外消火栓栓口，如图 5—14、图 5—15 所示。

（7）连接水带与水枪，如图 5—16 所示。

（8）用消火栓专用扳手打开室外消火栓的闸阀，攀登 6 m 拉梯进窗，正确实施灭火，如图 5—17、图 5—18、图 5—19、图 5—20 所示。

图 5—13 将消火栓专用扳手套于消火栓杆头

图 5—14 铺设水带

图 5—15 连接室外消火栓栓口

图 5—16 连接水带与水枪

图 5—17 做好登梯准备

图 5—18 攀登 6 m 拉梯

图 5—19 进入 2 楼窗户

图 5—20 正确实施灭火

（9）恢复系统（关阀门、闷盖、卷水带、收拉梯），如图 5—21、图 5—22 所示。

图 5—21　收卷水带

图 5—22　恢复系统

**3. 口述参考答案**

（1）消火栓阀门。

（2）小出水口 2 个（小闷盖）。

（3）大出水口 1 个（大闷盖）。

### 1.2.3　室外消火栓沿楼梯铺设登高出水操

**1. 操作条件**

（1）供水系统。

（2）室外消火栓 1 个。

（3）消防训练塔 1 座。

（4）65 mm 口径无耳卡式水带 2 根。

（5）多功能水枪 1 个。

（6）消火栓专用扳手 1 把。

**2. 操作步骤**

（1）口述室外消火栓的主要部件。

（2）准备器材（水带、水枪），如图 5—23 所示。

（3）用消火栓专用扳手拧开室外消火栓的闷盖，如图 5—24 所示。

（4）将消火栓专用扳手套于消火栓杆头，如图 5—25 所示。

（5）旋开消火栓闷盖。

（6）铺设第 1 根水带（见图 5—26），连接第 1 根水带与室外消火栓栓口，如图 5—27 所示。

（7）连接第2根与第1根水带，如图5—28所示。

图5—23　准备器材

图5—24　拧开室外消火栓的闷盖

图5—25　将消火栓专用扳手套于消火栓杆头

图5—26　铺设第1根水带

图5—27　连接第1根水带与室外消火栓栓口

图5—28　连接第2根与第1根水带

（8）连接第2根水带与水枪，如图5—29所示。

（9）用消火栓专用扳手打开室外消火栓的闸阀，沿楼梯攀登至训练塔2层，正确实施灭火，如图5—30、图5—31所示。

（10）恢复系统（关阀门、闷盖，卷水带），如图5—32、图5—33所示。

图 5—29　连接第 2 根水带与水枪

图 5—30　沿楼梯到达训练塔 2 层

图 5—31　正确实施灭火

图 5—32　收卷水带

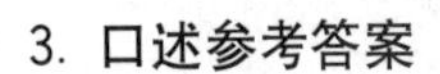

**3. 口述参考答案**

（1）消火栓阀门。

（2）小出水口 2 个（小闷盖）。

（3）大出水口 1 个（大闷盖）。

图 5—33　恢复系统

## 1.2.4　识别、点验、操作消防水枪

**1. 操作条件**

（1）消防多功能水枪。

（2）水带。

（3）垫子。

（4）消火栓钥匙。

**2. 操作步骤**

（1）射水姿势操作

姿势一：立式射水姿势

双手提起水枪，左手（掌心向上）握住水枪前端，右手（掌心向下）由里向外托握水带（右臂贴于腰际，右手紧靠右胯），双脚成“丁”字形站立（左脚在前稍弓，右脚在后挺直），上体稍向前倾，并转向右侧，成立射姿势，如图 5—34、图 5—35 所示。

图 5—34　立式射水姿势正面

图 5—35　立式射水姿势侧面

姿势二：跪式射水姿势

双手提起水枪，右脚后退一步，脚跟抬起，脚尖着地，屈膝下蹲，左腿弓成约 90°，双脚与右膝成三角形，左手（掌心向上）握住水枪前端，左前臂搁于左大腿上，右手（掌心向下）由里向外托握水带（右臂贴于腰际，右手紧靠右胯），成跪射姿势，如图 5—36、图 5—37 所示。

图 5—36　跪式射水姿势正面

图 5—37　跪式射水姿势侧面

姿势三：卧式射水姿势

双手提起水枪，右脚后退半步，屈膝下蹲，双手前伸撑于地面，右手按住水枪，两脚同时伸直并叉开（脚尖向外，脚跟相对于与肩同宽），左手（掌心向上）握住水枪前端（左肘部着地），使水枪喷嘴向上翘起，右手（掌心向下）由里向外托握水带（右前臂着地），成卧射姿势，如图 5—38、图 5—39 所示。

图 5—38　卧式射水姿势正面

图 5—39　卧式射水姿势侧面

（2）多功能水枪射流变换操作

射流一：直流射水操作，如图 5—40 所示。

射流二：喷雾射水操作，如图 5—41 所示。

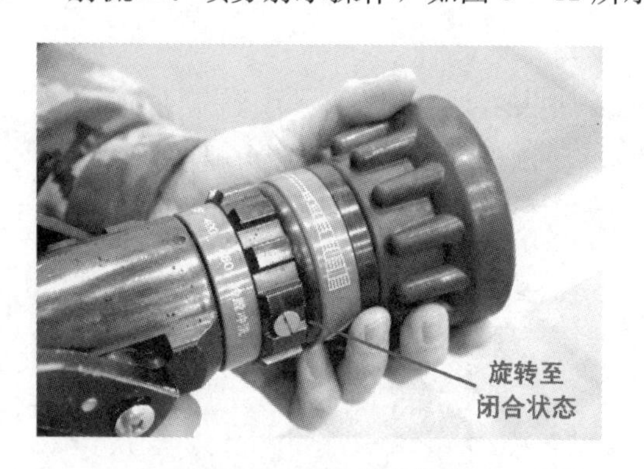


图 5—40　直流射水操作

图 5—41　喷雾射水操作

## 1.2.5　识别、点验、操作机动消防泵

**1. 操作条件**

机动消防泵。

**2. 操作步骤**

（1）口述机动消防泵的主要部件，如图 5—42、图 5—43 所示。

（2）发动机动消防泵，调试大小功率后停在怠速状态，如图 5—44、图 5—45、图 5—46 所示。

（3）停止机动消防泵。

（4）口述机动消防泵的维护保养。

图 5—42　机动消防泵 1

图 5—43　机动消防泵 2

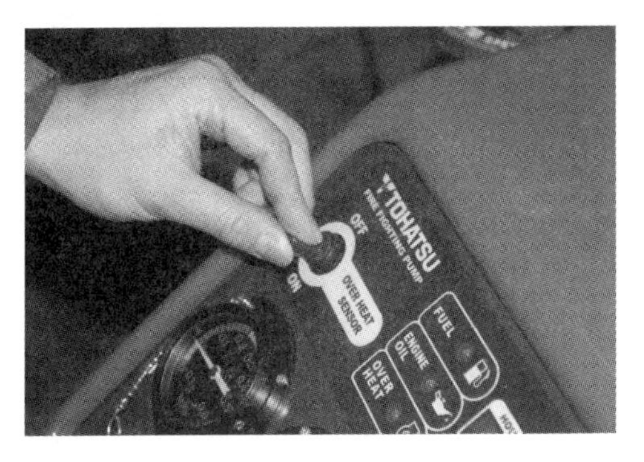


图 5—44　打开机动消防泵开关

图 5—45　发动机动消防泵

图 5—46　调试大小功率后停在怠速状态

**3. 口述参考答案**

（1）机动消防泵的主要部

1）水泵启动方式（电启动、手拉启动）。

2）水泵进水口。

3）水泵出水口。

4）水泵油箱。

5）真空手柄。

6）照明、充电口。

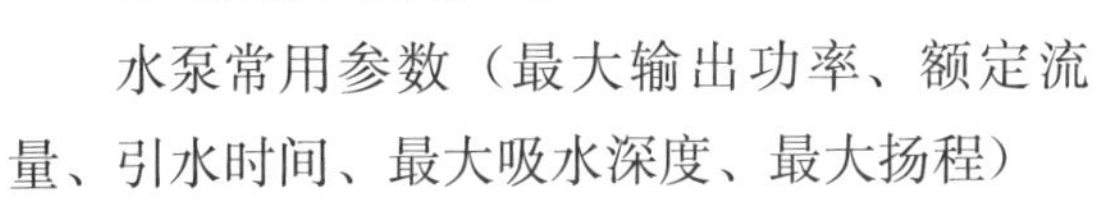

水泵常用参数（最大输出功率、额定流量、引水时间、最大吸水深度、最大扬程）

（2）机动消防泵的维护保养

1）维修保养。日常维护时应置于通风干燥的场所，并应清除外部灰尘、油污，还应按期检查润滑油的油量等。

使用后主要应保护好各种运动状态的润滑，手抬泵累计转 50 h 应卸下火花塞进行检查，手抬泵累计运转 100 h，要拆洗化油器，清除空气滤清器纸芯上的灰尘，手抬泵累计运转 200 h 后，除完成 100 h 的保养工作外，还要拆下曲轴箱底盖并清洗，手抬泵累计运转达 400 h 后，还要检查活塞及活塞环的磨损情况等。手抬泵使用后，应做好清洁工作，并置放于干燥清洁的木架上。

2）注意事项。拆装机件时不可用铁制工具敲击，在拆装过程中应防止杂物落入机器中。

重新装配时，各机件仍要保持原来位置，火花塞经常要清除积炭和油污。

重新装配时，垫圈等衬垫物切不可漏装，螺母等必须紧固，尤其是风扇飞轮螺母更需坚固。

3）故障排除。手抬在使用时发现有异常情况，应立即停止运转，查找原因并予排除。

当出现故障时，不可盲目将手抬泵的机件分解，应分析故障产生原因，再对症下药予以排除。

属于操作方面的故障可以较快排除，如属于平时检查维护保养不够所产生的问题，解决起来就要花费很多时间，但灭火是分秒必争的，所以应避免临使用时才排除故障而延误灭火战机。

# 第 6 章

## 考位三：操作固定消防设施

### 1.3.1 识别、操作消防电梯

**1. 操作条件**

消防专用电梯或可切换为消防电梯的民用电梯 1 部。

**2. 操作步骤**

（1）口述消防电梯的基本组成。

（2）口述消防电梯的主要功能。

（3）模拟火灾报警，检查消防控制设备能否手动和自动控制消防电梯回落首层，测试消防电梯的迫降功能，如图 6—1 所示。

（4）用随身携带的手斧或其他硬物将保护消防电梯按钮的玻璃片击碎，如图 6—2 所示。

图 6—1 检查消防电梯

图 6—2 击碎消防电梯按钮的玻璃片

（5）将消防电梯按钮置于接通位置，如图 6—3 所示。

（6）进入消防电梯轿厢，紧按关门按钮直至电梯门关闭，如图 6—4 所示。

图 6—3 将消防电梯按钮置于接通位置

图 6—4 紧按关门按钮直至电梯门关闭

（7）将希望到达的楼层按钮按下，直到电梯启动，如图 6—5 所示。

（8）用电梯轿厢内专用电话与外界和消防控制中心联系，测试通信信号是否良好。

（9）系统恢复（回到首层，切换为民用电梯）。

3. 口述参考答案

（1）消防电梯由电梯井、轿厢、专用电话、首层消防员专用操作按钮等组成。

（2）主要功能

1）疏散逃生功能。

2）组织进攻功能。

3）紧急控制功能。

4）通信功能。

5）转换功能。

图 6—5　按下希望到达楼层电梯按钮，启动电梯

## 1.3.2　识别、操作防火卷帘门

1. 操作条件

防火卷帘门 1 扇。

2. 操作步骤

（1）口述防火卷帘门的作用。

（2）口述防火卷帘门的设置部位和要求。

（3）模拟火灾报警，检查防火卷帘门自动控制功能。

（4）手动操作电动按钮，按上升键（见图 6—6），卷帘即向上卷（见图 6—7）；按下降键（见图 6—8），卷帘即向下降（见图 6—9）；按中间的红色键（见图 6—10），即是停止键。

（5）检查防火卷帘运行情况，查看机械操作卷帘升降、触发手动控制按钮、消防控制室手动输出遥控信号、分别触发两个相关的火灾探测器的反馈信号。

（6）恢复系统（卷帘门复位），如图 6—11 所示。

3. 口述参考答案

（1）防火卷帘是一种活动的防火分隔物，平时卷起放在门窗上口转轴箱中，起火时将其放下展开，用以阻止火势从门窗洞口蔓延。

（2）设置部位

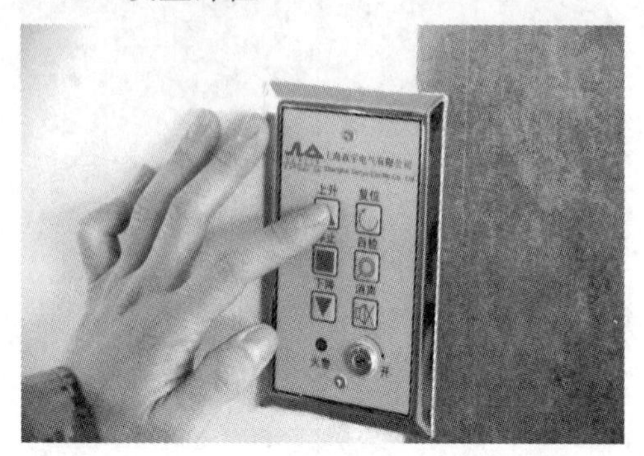

图 6—6　按上升键

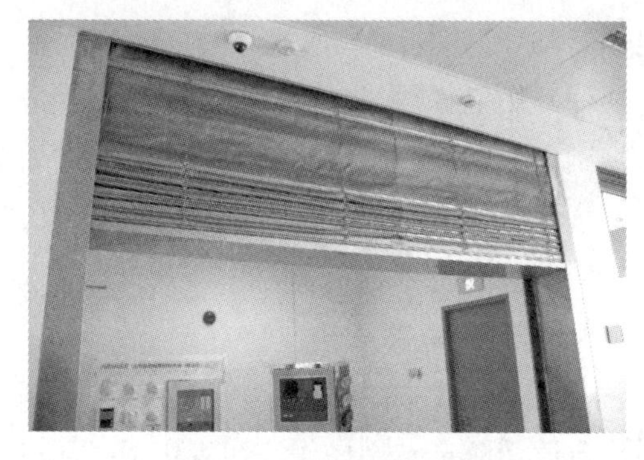

图 6—7　卷帘向上卷

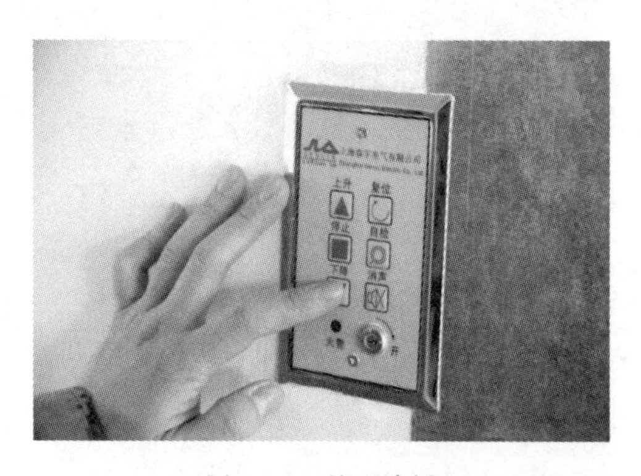

图 6—8　按下降键

图 6—9　卷帘向下降

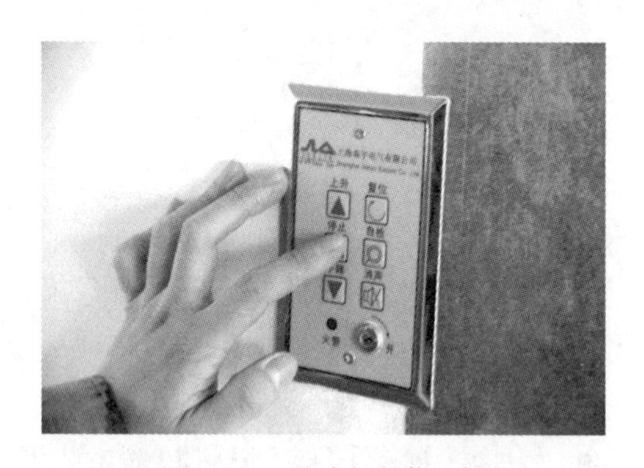

图 6—10　按中间的停止键

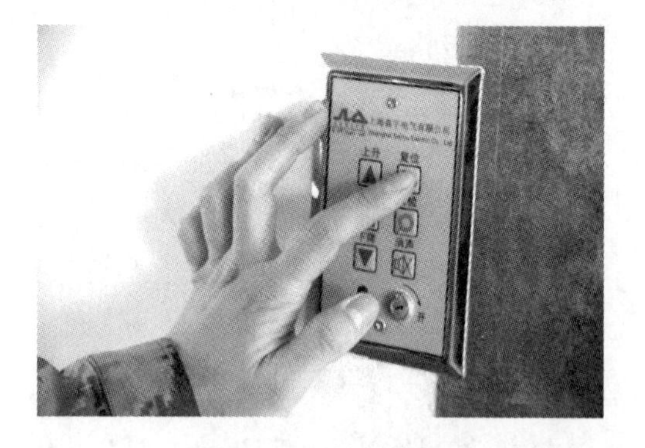

图 6—11　按复位键

常见的设置部位有防烟楼梯间前室、电梯厅、自动扶梯周围、中庭与楼层的开口部位、生产车间中的大面积工艺洞口以及大面积建筑中设置防火墙有困难的部位等。

（3）设置要求

1）门扇各接缝处、导轨、卷筒等缝隙，应有防火防烟密封措施，防止烟火窜入。

2）防火分区间采用防火卷帘分隔时，防火卷帘的耐火极限不应低于 3 h。

3）不同区域应设置不同下降方式的防火卷帘门。

4）防火卷帘门两侧各 0.5 m 范围内不得堆放物品，并应用黄色标识线划定范围。

## 1.3.3 识别、操作消防水泵

### 1. 操作条件

（1）供水系统。

（2）消防水泵（主、备）。

（3）稳压泵（主、备）。

（4）水泵电源。

### 2. 操作步骤

（1）口述消防水泵的作用，如图 6—12 所示。

（2）模拟火灾报警，检查消防水泵的自动启动功能。

（3）切换到手动，如图 6—13 所示。

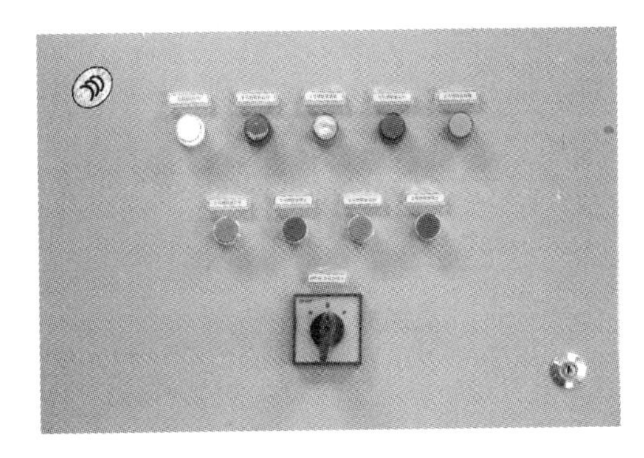

图 6—12　消防水泵电源柜

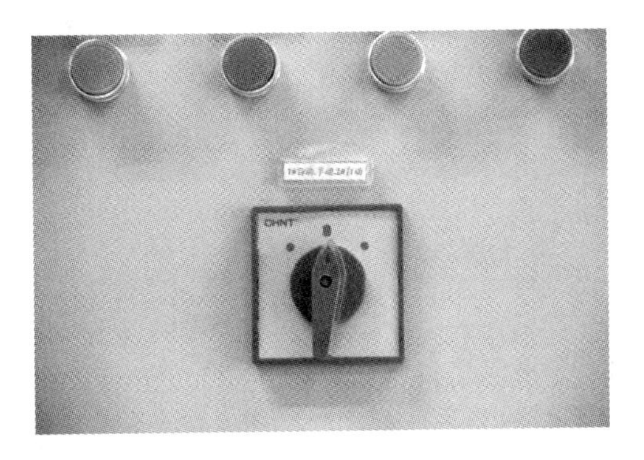


图 6—13　切换到手动

（4）启动水泵，如图 6—14 所示。

（5）停止水泵，如图 6—15 所示。

（6）切换到自动（2 主 1 备），如图 6—16 所示。

（7）恢复系统（停泵、切换到自动挡），如图 6—17 所示。

### 3. 口述参考答案

通过消防水泵增压，满足消防用水的要求。

图 6—14　启动水泵

图 6—15　停止水泵

图 6—16　切换到手动（2 主 1 备）

图 6—17　恢复系统

## 1.3.4　识别、操作水泵接合器

### 1. 操作条件

（1）供水系统（消防车供水至 4 分水前）。

（2）地上式水泵接合器 2 个（高低区、喷淋和消火栓）。

（3）地下式水泵接合器 2 个（高低区、喷淋和消火栓）。

（4）墙壁式水泵接合器 2 个（高低区、喷淋和消火栓）。

（5）65 mm 口径无耳卡式水带 2 根。

（6）消火栓专用扳手 1 把。

### 2. 操作步骤

（1）口述水泵接合器的作用。

（2）口述水泵接合器的分类。

（3）口述水泵接合器的设置要求，如图 6—18 所示。

（4）准备器材（水带），如图 6—19 所示。

图 6—18　水泵接合器

图 6—19　准备器材

（5）选择正确的水泵接合器（高低区、喷淋和消火栓）。

（6）连接 2 根水带至 4 分水中 2 个出水口，释放 2 根水带至水泵接合器前，如图 6—20 所示。

（7）用消火栓专用扳手打开水泵接合器 2 个闸阀（见图 6—21），连接 2 根水带（见图 6—22）。

图 6—20　释放水带

图 6—21　将水带连接水泵接合器

（8）打开 4 分水上连接 2 根水带的出水口开关。

（9）恢复系统（泄压、关闸阀、卷水带）。

（10）口述水泵接合器的维护管理。

**3. 口述参考答案**

（1）作用

水泵接合器是供消防车向消防给水系统的给水管网供水的接口。它既可用以补充消防水量，也可用于提高消防给水管网的水压。

（2）分类

图 6—22　打开水泵接合器

水泵接合器可分为地上式水泵结合器、地下式水泵结合器、墙壁式水泵接合器。

（3）设置要求

1）水泵接合器应布置在室外，并应有明显的指示标志。

2）水泵接合器应设置在便于消防车使用的地点，并不妨碍交通。它与建筑物的外墙应有一定的距离（墙壁式除外），一般不宜小于 5 m。水泵接合器宜集中布置，但多个并联设置时应有适当的间距，不影响灭火时使用。

3）自动喷水灭火系统的消防水泵接合器应设置与消火栓系统的消防水泵接合器区别的永久性固定标志，并有分区标志。

4）为防止水泵接合器的阀门打开时，室内消防给水管网的水向外倒流，应在连接水泵接合器的管段上设止回阀。

（4）维护管理

1）消防水泵接合器的接口及配套附件完好，无渗漏，闷盖盖好。

2）控制阀门应常开，且启闭灵活；止回阀应关闭严密。

3）寒冷地区防冻措施应完好。

## 1.3.5　识别、操作室内消火栓

### 1. 操作条件

（1）供水系统。

（2）室内消火栓箱 1 个。

### 2. 操作步骤

（1）口述室内消火栓箱的主要部件，如图 6—23 所示。

（2）打开室内消火栓箱门。

（3）远程启动消防水泵，如图 6—24 所示。

（4）取出水带并释放，连接栓口，如图 6—25 所示。

（5）连接水枪，如图 6—26 所示。

（6）展开水带，如图 6—27 所示。

（7）打开室内消火栓阀，如图 6—28 所示。

图 6—23　室内消火栓

图 6—24　远程启动消防水泵

图 6—25　取出水带并释放，连接栓口

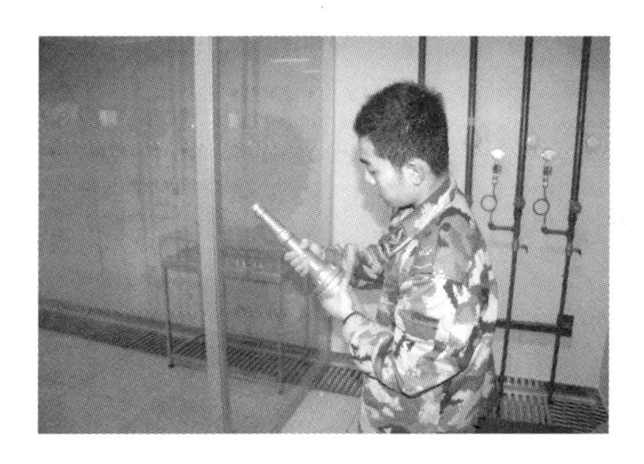

图 6—26　连接水枪

图 6—27　展开水带

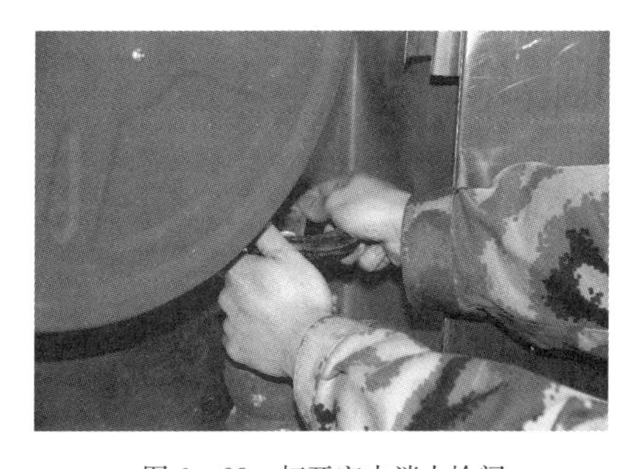

图 6—28　打开室内消火栓阀

（8）正确实施灭火。

（9）恢复系统（关阀门、卷水带）。

**3. 口述参考答案**

消火栓设备包括消火栓、水枪、水带、水喉（软管卷盘）、启泵按钮等，平时放置在消火栓箱内。

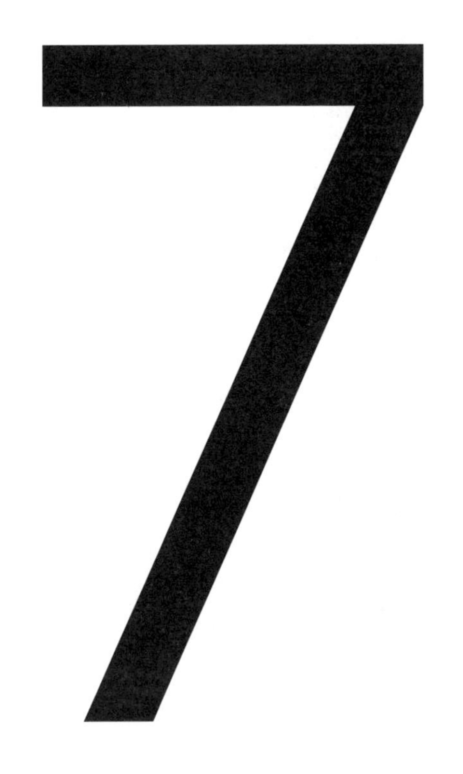

# 第 7 章

## 考位四：识别、点验个人防护器具并实施警戒

### 2.1.1 识别、点验消防防化服和防化手套并实施警戒

**1. 操作条件**

（1）各类防护服（消防防化服、防静电服、抢险救援服）。

（2）各类手套（消防防化手套、防静电手套、抢险救援手套）。

（3）警戒器材卡片（警戒标志杆、警戒桶、警戒带、警示牌、警示灯）。

（4）卡片架。

（5）垫子。

**2. 操作步骤**

（1）正确识别消防防化服和防化手套，如图 7—1、图 7—2 所示。

图 7—1 正确识别消防防化服和防化手套 1

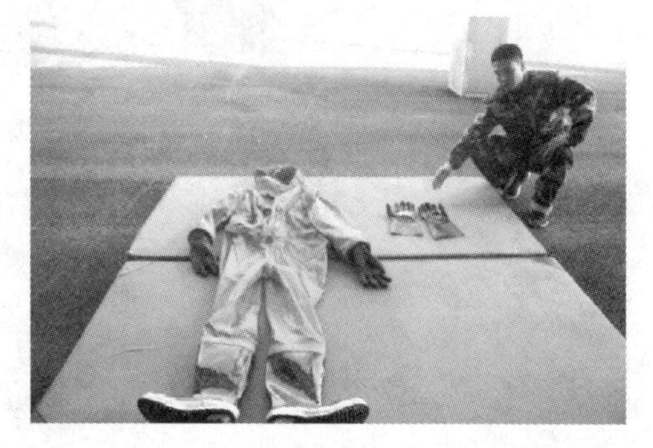

图 7—2 正确识别消防防化服和防化手套 2

（2）随机抽取警戒器材卡片 2 张并口述其使用要求。

（3）准备相关器具并按规定动作着装，如图 7—3、图 7—4、图 7—5 所示。

图 7—3 准备相关器具并按规定动作着装 1

图 7—4 准备相关器具并按规定动作着装 2

（4）卸下相关器具并放回原位。

3. 口述参考答案

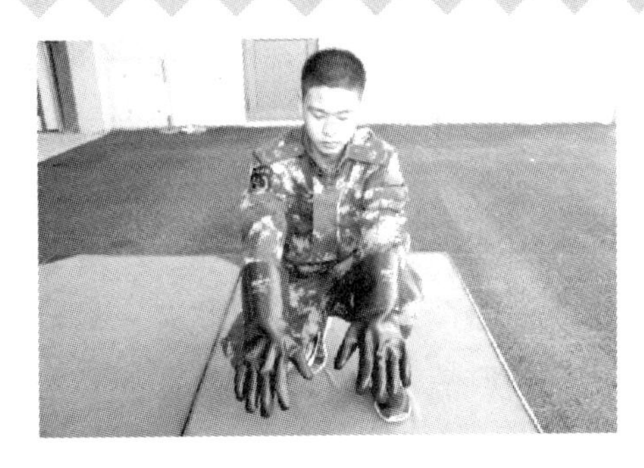
图 7—5　准备相关器具并按规定动作着装 3

警戒标志杆：用于火灾等灾害事故现场警戒，使用时插入警戒标志杆底座；注意不能承重，谨防挤压。

警戒桶：用于事故现场的道路警戒、阻挡或分隔车流和引导交通，依据灾害事故现场需要放在合适位置；注意防止被重物挤压。

警戒带：用于划定事故现场的警戒区，使用时可固定在警戒标志杆或其他固定物上；注意重复使用时，操作速度不宜过快，应按其旋转方向施放。

警示牌：设在火灾等灾害事故现场警戒区内，包括出入口标志牌、危险警示牌和空气呼吸器登记牌等，使用时根据现场需要选择不同形状警示牌。注意轻拿轻放，用后保持清洁、干燥。

警示灯：用于灾害事故现场警戒、警示，可与交通锥配合使用。注意轻拿轻放。

## 2.1.2　识别、点验抢险救援服和抢险救援手套并实施警戒

1. 操作条件

（1）各类防护服（消防防化服、防静电服、抢险救援服）。

（2）各类手套（消防防化手套、防静电手套、抢险救援手套）。

（3）警戒器材卡片（警戒标志杆、警戒桶、警戒带、警示牌、警示灯）。

（4）卡片架。

（5）垫子。

2. 操作步骤

（1）正确识别抢险救援服和抢险救援手套，如图 7—6、图 7—7 所示。

图 7—6　正确识别抢险救援服和抢险救援手套 1

图 7—7　正确识别抢险救援服和抢险救援手套 2

（2）随机抽取警戒器材卡片 2 张并口述其使用要求。

（3）准备相关器具并按规定动作着装，如图 7—8 所示。

（4）卸下相关器具并放回原位。

图 7—8　准备相关器具并按规定动作着装

**3. 口述参考答案**

警戒标志杆：用于火灾等灾害事故现场警戒，使用时插入警戒标志杆底座；注意不能承重，谨防挤压。

警戒桶：用于事故现场的道路警戒、阻挡或分隔车流和引导交通，依据灾害事故现场需要放在合适位置；注意防止被重物挤压。

警戒带：用于划定事故现场的警戒区，使用时可固定在警戒标志杆或其他固定物上；注意重复使用时，操作速度不宜过快，应按其旋转方向施放。

警示牌：设在火灾等灾害事故现场警戒区内，包括出入口标志牌、危险警示牌和空气呼吸器登记牌等，使用时根据现场需要选择使用不同形状警示牌。注意轻拿轻放，用后保持清洁、干燥。

警示灯：用于灾害事故现场警戒、警示，可与交通锥配合使用。注意轻拿轻放。

# 第 8 章

## 考位五：识别、点验和操作常用手动破拆工具

### 2.2.1 识别、点验、操作挠钩

**1. 操作条件**

（1）多功能手动破拆工具组（挠钩、榔头、爪耙、撑顶器、消防锯、消防剪、消防斧）。

（2）待破拆物。

（3）防护手套。

（4）防护头盔。

**2. 操作步骤**

（1）正确识别挠钩，如图 8—1 所示。

（2）口述其用途。

（3）穿戴个人防护器具，如图 8—2 所示。

图 8—1 正确识别挠钩

图 8—2 穿戴个人防护器具

（4）对破拆物演示挠钩使用方法，如图 8—3 所示。

（5）卸下器材，放回原位。

**3. 口试参考答案**

挠钩：用于破拆吊顶、开辟通道等作业。

### 2.2.2 识别、点验、操作榔头

**1. 操作条件**

（1）多功能手动破拆工具组（挠钩、榔头、爪耙、撑顶器、消防锯、消防剪、消防斧）。

（2）待破拆物。

（3）防护手套。

（4）防护头盔。

**2. 操作步骤**

（1）正确识别榔头，如图 8—4 所示。

图 8—3　对破拆物演示挠钩使用方法

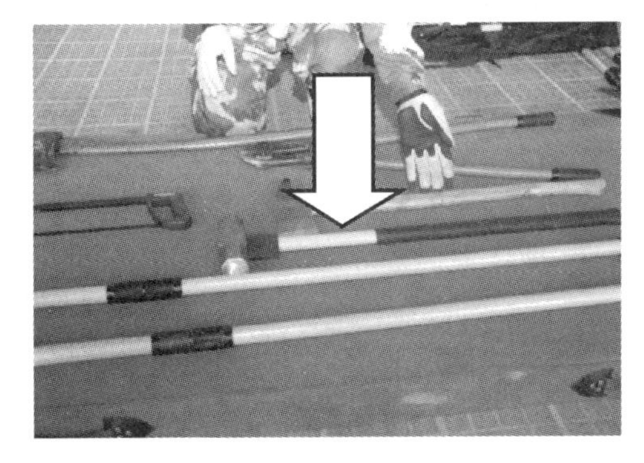

图 8—4　正确识别榔头

（2）口述其用途。

（3）穿戴个人防护器具，如图 8—5 所示。

（4）对破拆物演示榔头使用方法，如图 8—6 所示。

图 8—5　穿戴个人防护器具

图 8—6　对破拆物演示榔头使用方法

（5）卸下器材，放回原位。

**3. 口试参考答案**

榔头：敲碎 4 m 以下着火建筑的窗户玻璃以进行排烟、透气，平头端可临时作防爆工具使用。

### 2.2.3 识别、点验、操作爪耙

**1. 操作条件**

（1）多功能手动破拆工具组（挠钩、榔头、爪耙、撑顶器、消防锯、消防剪、消防斧）。

（2）待破拆物。

（3）防护手套。

（4）防护头盔。

**2. 操作步骤**

（1）正确识别爪耙，如图 8—7 所示。

（2）口述其用途。

（3）穿戴个人防护器具，如图 8—8 所示。

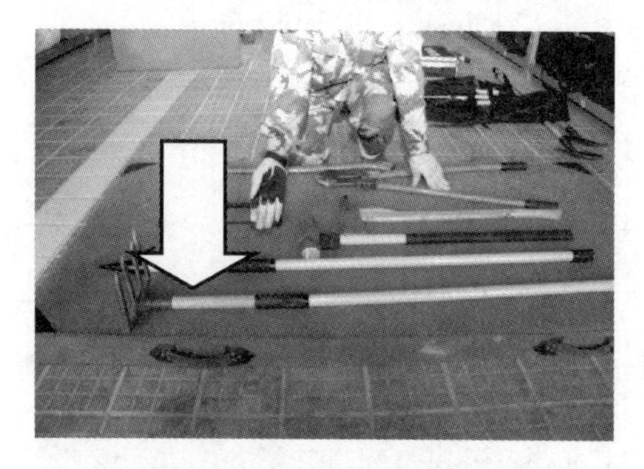

图 8—7 正确识别爪耙

图 8—8 穿戴个人防护器具

（4）对破拆物演示爪耙使用方法，如图 8—9 所示。

图 8—9 对破拆物演示爪耙使用方法

（5）卸下器材，放回原位。

3. 口试参考答案

爪耙：清理现场倒塌物、障碍物、有毒有害物质以及灾后的垃圾。

### 2.2.4 识别、点验、操作撑顶器

1. 操作条件

（1）多功能手动破拆工具组（挠钩、榔头、爪耙、撑顶器、消防锯、消防剪、消防斧）。

（2）待破拆物。

（3）防护手套。

（4）防护头盔。

2. 操作步骤

（1）正确识别撑顶器，如图 8—10，图 8—11 所示。

图 8—10　正确识别撑顶器 1

图 8—11　正确识别撑顶器 2

（2）口述其用途。

（3）穿戴个人防护器具，如图 8—12 所示。

（4）演示撑顶器使用方法，如图 8—13，图 8—14，图 8—15，图 8—16 所示。

（5）卸下器材，放回原位。

3. 口试参考答案

撑顶器：用于临时支撑易坍塌的危险场所的门框、窗户和其他构件，保护灭火救援人员安全的进出。

图 8—12　穿戴个人防护器具

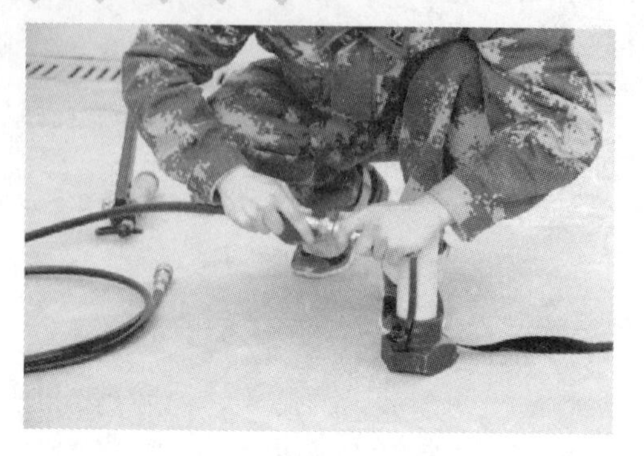

图 8—13　演示撑顶器使用方法 1

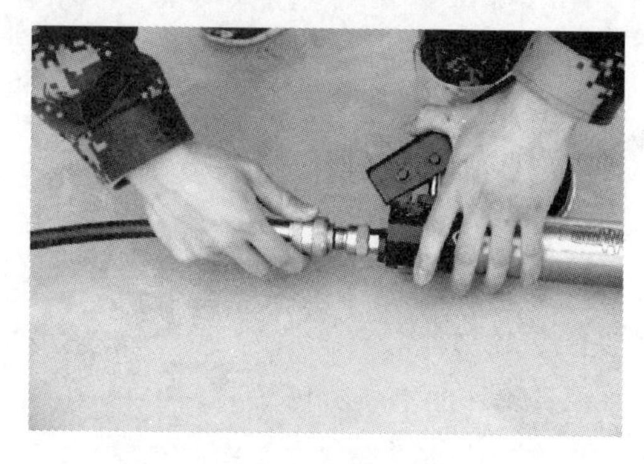

图 8—14　演示撑顶器使用方法 2

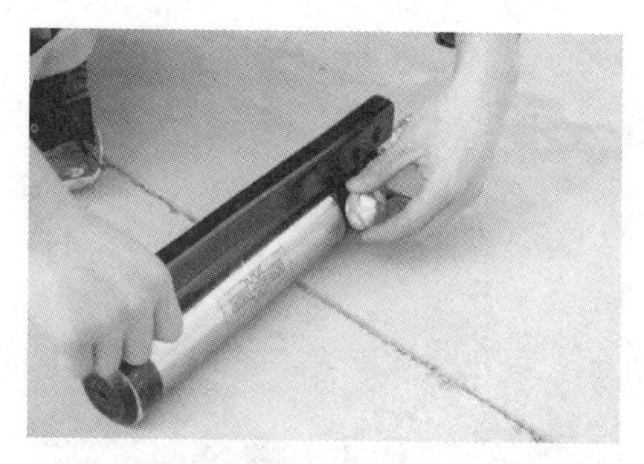

图 8—15　演示撑顶器使用方法 3

图 8—16　演示撑顶器使用方法 4

### 2.2.5　识别、点验、操作消防锯

**1. 操作条件**

（1）多功能手动破拆工具组（挠钩、榔头、爪耙、撑顶器、消防锯、消防剪、消防斧）。

（2）待破拆物。

（3）防护手套。

（4）防护头盔。

**2. 操作步骤**

（1）正确识别消防锯，如图 8—17 所示。

（2）口述其用途。

（3）穿戴个人防护器具，如图 8—18 所示。

（4）对破拆物演示消防锯使用方法，如图 8—19 所示。

（5）卸下器材，放回原位。

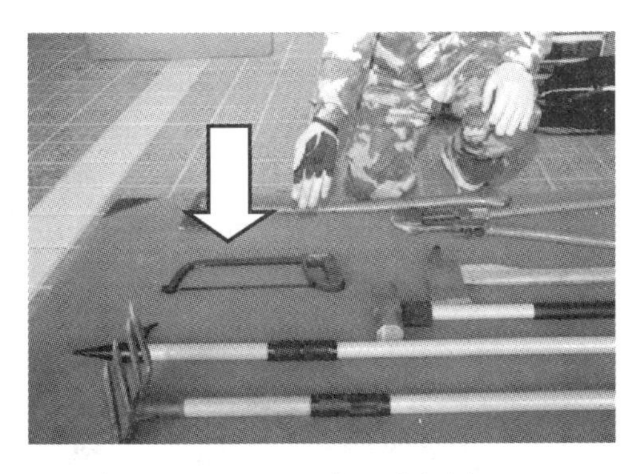

图 8—17　正确识别消防锯

图 8—18　穿戴个人防护器具

图 8—19　对破拆物演示消防锯使用方法

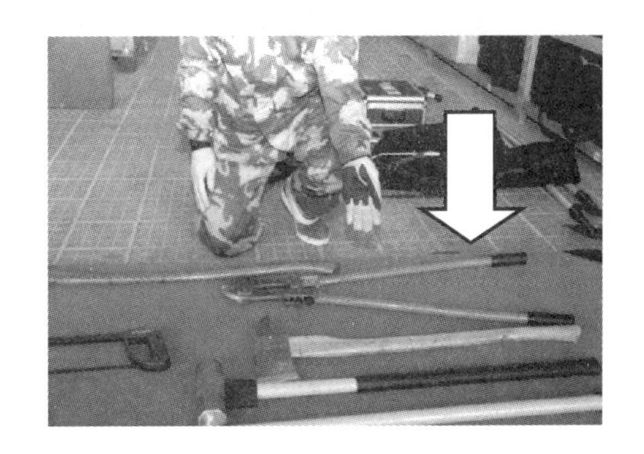

图 8—20　正确识别消防剪

3. 口试参考答案

消防锯：锯断一定高度的易坠落物、易坍塌物和构件。

## 2.2.6　识别、点验、操作消防剪

1. 操作条件

（1）多功能手动破拆工具组（挠钩、榔头、爪耙、撑顶器、消防锯、消防剪、消防斧）。

（2）待破拆物。

（3）防护手套。

（4）防护头盔。

2. 操作步骤

（1）正确识别消防剪，如图 8—20 所示。

（2）口述其用途。

（3）穿戴个人防护器具，如图 8—21 所示。

（4）对破拆物演示消防剪使用方法，如图 8—22 所示。

图 8—21　穿戴个人防护器具

图 8—22　对破拆物演示消防剪使用方法

（5）卸下器材，放回原位。

**3. 口试参考答案**

消防剪：对灾害现场的电线、树枝、连接线、各类绳带等进行剪切。

## 2.2.7　识别、点验、操作消防斧

**1. 操作条件**

（1）多功能手动破拆工具组（挠钩、榔头、爪耙、撑顶器、消防锯、消防剪、消防斧）。

（2）待破拆物。

（3）防护手套。

（4）防护头盔。

**2. 操作步骤**

（1）正确识别消防斧，如图 8—23 所示。

（2）口述其用途。

（3）穿戴个人防护器具，如图 8—24 所示。

（4）对破拆物演示消防斧使用方法，如图 8—25 所示。

（5）卸下器材，放回原位。

**3. 口试参考答案**

消防斧：用于劈开门、窗以及一些木质障碍物，也可撬开地板、箱、柜、门、窗、天

花板、护墙板、水泥墙板、栅栏、铁锁等。

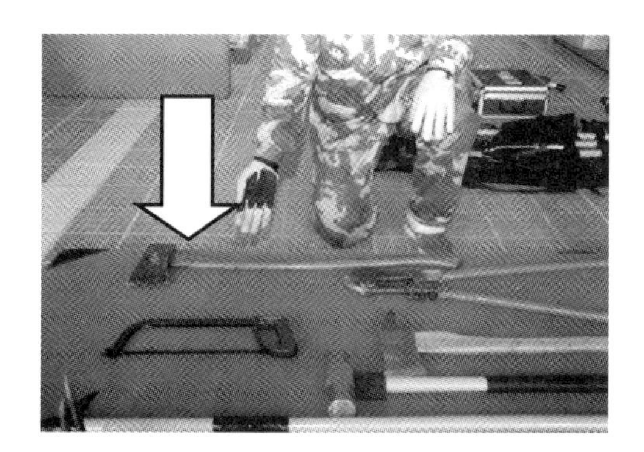

图 8—23　正确识别消防斧

图 8—24　穿戴个人防护器具

图 8—25　对破拆物演示消防斧使用方法

# 第 9 章

## 考位六：识别、点验和操作应急救助器材

### 3.1.1 识别、点验、操作绝缘服和绝缘工具

**1. 操作条件**

（1）绝缘服。

（2）绝缘手套。

（3）绝缘鞋。

（4）安全帽。

（5）断线钳。

（6）导线。

**2. 操作步骤**

（1）能正确识别和点验绝缘服和绝缘工具，如图 9—1 所示。

（2）穿绝缘服，如图 9—2、图 9—3、图 9—4、图 9—5、图 9—6 所示。

图 9—1　正确识别和点验绝缘服和绝缘工具

图 9—2　穿绝缘服 1

图 9—3　穿绝缘服 2

图 9—4　穿绝缘服 3

图 9—5　穿绝缘服 4

图 9—6　穿绝缘服 5

（3）穿戴绝缘手套、绝缘鞋、安全帽，如图 9—7、图 9—8、图 9—9、图 9—10 所示。

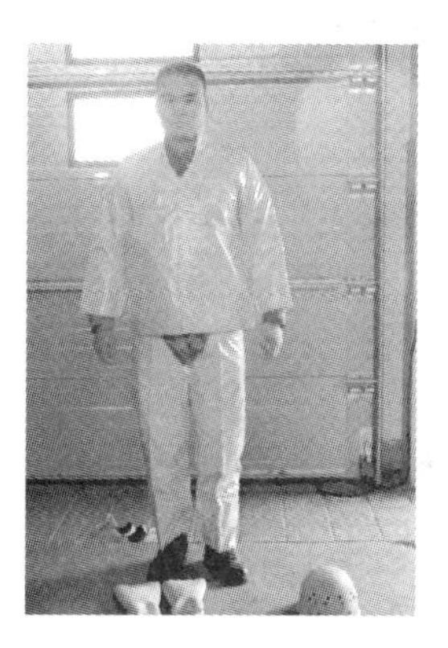

图 9—7　穿戴绝缘手套、绝缘鞋、安全帽 1

图 9—8　穿戴绝缘手套、绝缘鞋、安全帽 2

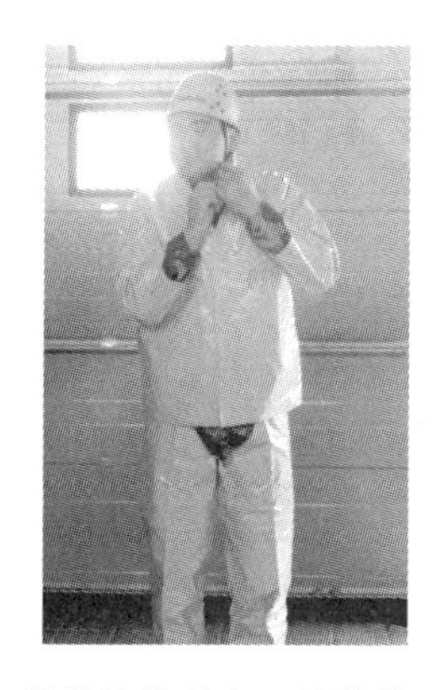

图 9—9　穿戴绝缘手套、绝缘鞋、安全帽 3

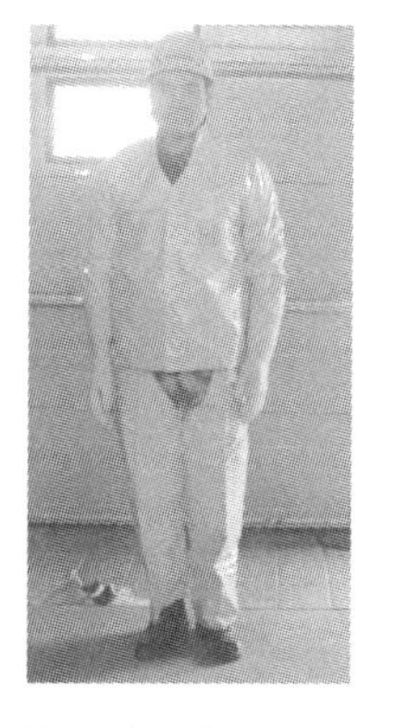

图 9—10　穿戴绝缘手套、绝缘鞋、安全帽 4

（4）使用断线钳剪断导线，如图 9—11 所示。

（5）器材复位。

3. 口试参考答案

挠钩：用于破拆吊顶、开辟通道等作业。

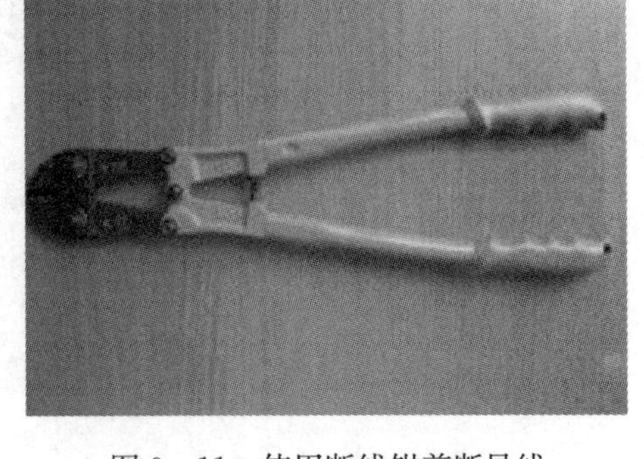

图 9—11　使用断线钳剪断导线

### 3.1.2　识别、点验、操作开门器

1. 操作条件

（1）手动液压泵。

（2）开门器。

（3）导管。

2. 操作步骤

（1）能正确识别和点验开门器各部件，如图 9—12 和图 9—13 所示。

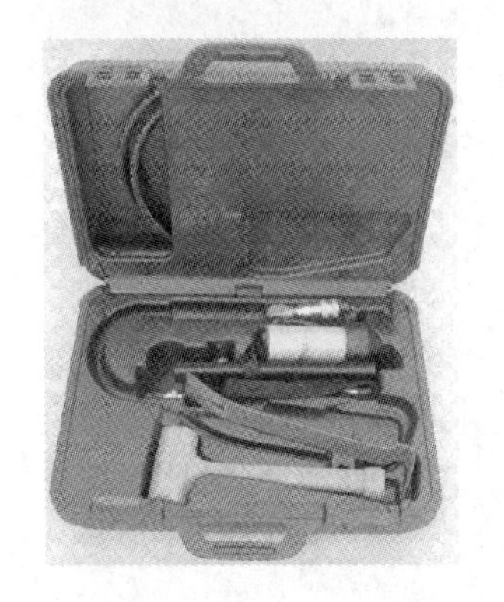

图 9—12　识别和点验开门器

图 9—13　识别和点验开门器部件

（2）将手动液压泵、开门器和导管正确连接，如图 9—14 和图 9—15 所示。

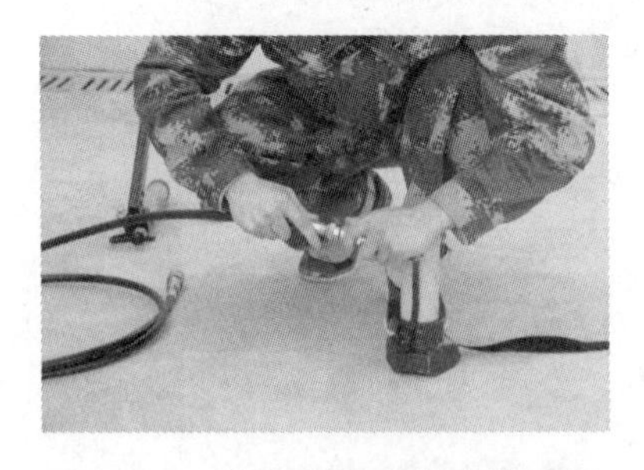

图 9—14　将手动液压泵、开门器和导管正确连接 1

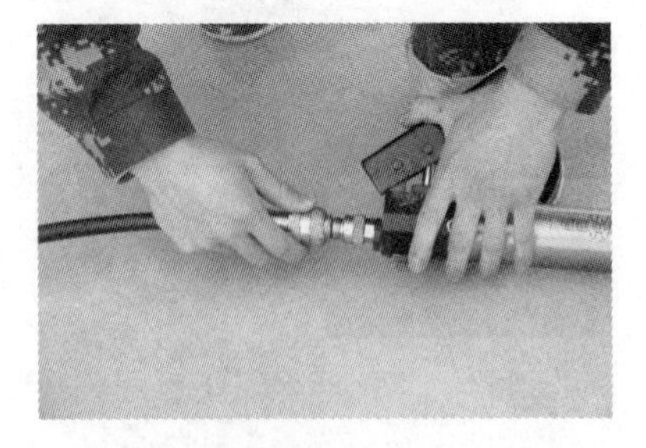

图 9—15　将手动液压泵、开门器和导管正确连接 2

（3）将开门器插入需要作业的门缝内，如图 9—16 所示。

(4) 打开液压油路的开关，用手上下连续按动手柄，直到门打开为止，如图 9—17 所示。

图 9—16 将开门器插入需要作业的门缝内

图 9—17 操作开门器开门

(5) 作业完毕，关闭油路开关 ，恢复原状，如图 9—18 所示。

图 9—18 作业完毕，将器材恢复原状

### 3.1.3 识别、点验、操作缓降器

**1. 操作条件**

(1) 缓降器。

(2) 垫子。

**2. 操作步骤**

(1) 能正确识别和点验缓降器，如图 9—19 和图 9—20 所示。

(2) 将缓降器吊钩固定于牢固物体上，并将绳盘抛于楼下，如图 9—21、图 9—22 和图 9—23 所示。

图 9—19 正确识别和点验缓降器 1

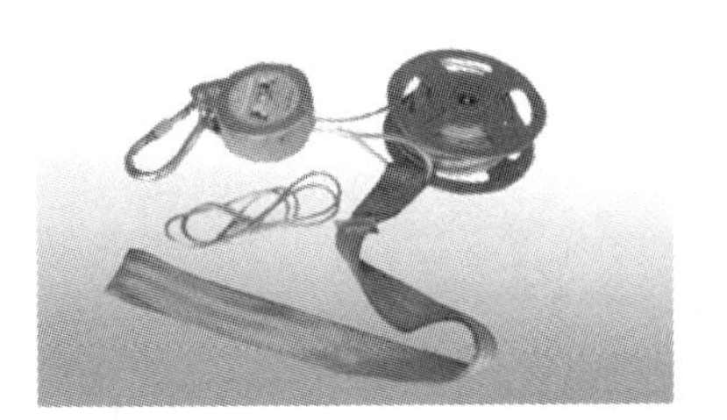

图 9—20 正确识别和点验缓降器 2

（3）将安全带绑系于腋下，如图 9—24 所示。

图 9—21　固定缓降器 1

图 9—22　固定缓降器 2

图 9—23　固定缓降器 3

图 9—24　系好安全带

（4）从楼上滑落于地面，如图 9—25 和图 9—26 所示。

图 9—25　从楼上滑落于地面 1

图 9—26　从楼上滑落于地面 2

（5）器材复位。

### 3.1.4 识别、点验、操作电梯应急开关和救生软梯

**1. 操作条件**

（1）垂直电梯或自动扶梯应急开关。

（2）救生软梯。

**2. 操作步骤**

（1）能正确识别电梯应急开关。

（2）能正确识别和点验救生软梯，如图 9—27 和图 9—28 所示。

图 9—27 正确识别和点验救生软梯 1

图 9—28 正确识别和点验救生软梯 2

（3）操作电梯应急开关使电梯迫降。

（4）将救生软梯固定在牢固物体上并向楼下施放，如图 9—29 所示。

图 9—29 将救生软梯固定并向楼下施放

（5）器材复位。

### 3.1.5 徒手救人和识别、点验、操作多功能担架

**1. 操作条件**

（1）多功能担架。

（2）垫子。

2. 操作步骤

（1）能正确识别和点验多功能担架，如图 9—30 所示。

（2）将多功能担架按正确方法打开，如图 9—31 所示。

图 9—30　正确识别和点验多功能担架

图 9—31　将多功能担架按正确方法打开

（3）采用背、抱或抬等方式将垫子上的被救人员救起，如图 9—32、图 9—33，图 9—34 和图 9—35 所示。

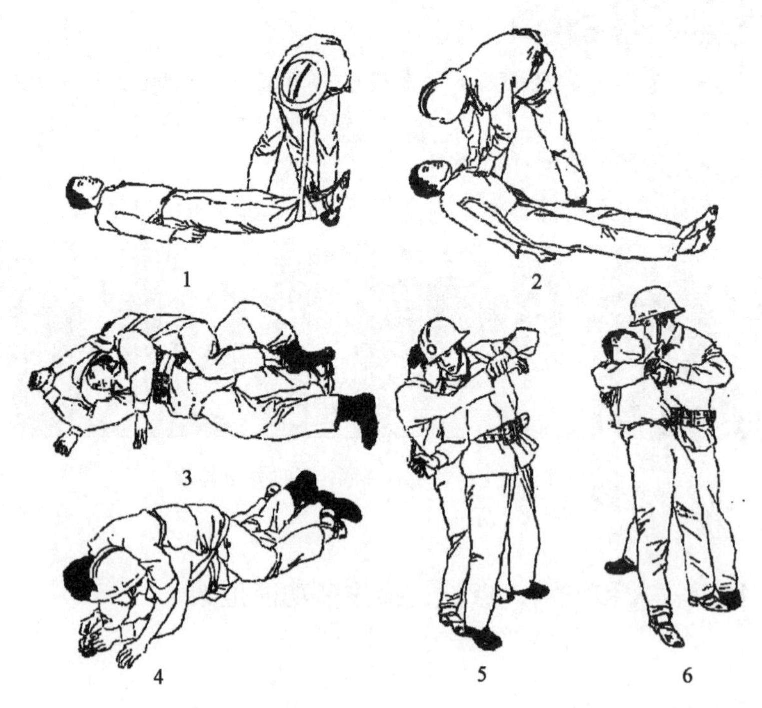


图 9—32　用正确方法将被救人员救起 1

图 9—33 用正确方法将被救人员救起 2

图 9—34 用正确方法将被救人员救起 3

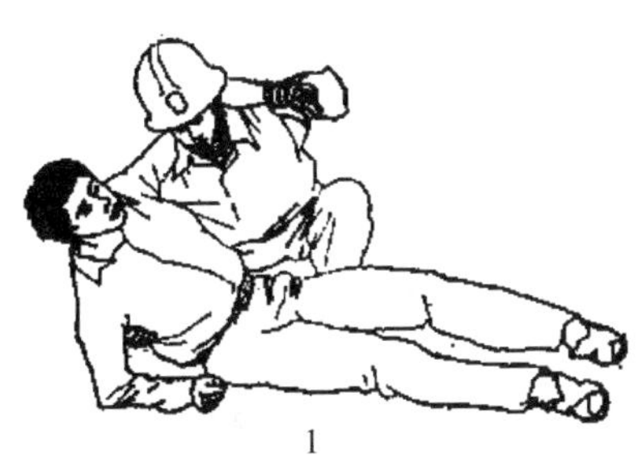

1

2

图 9—35 用正确方法将被救人员救起 4

（4）将被救人员安放于多功能担架上，如图 9—36 所示。

（5）复位。

图 9—36 将被救人员安放于多功能担架上

### 3.1.6 利用安全绳救人

**1. 操作条件**

（1）安全绳。

（2）抛绳。

（3）垫子。

**2. 操作步骤**

（1）能正确识别安全绳，如图 9—37 和图 9—38 所示。

图 9—37　正确识别安全绳 1

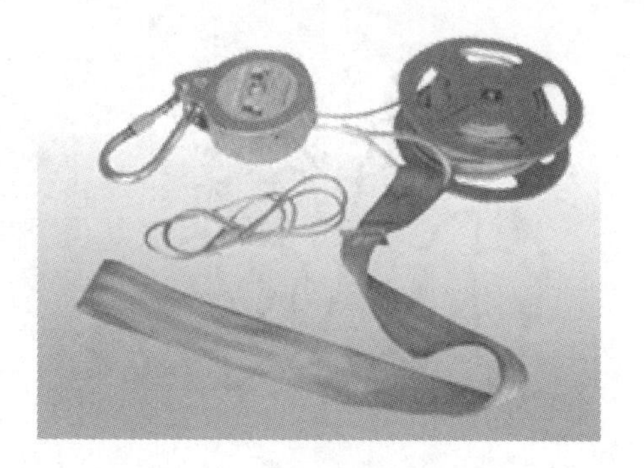

图 9—38　正确识别安全绳 2

（2）利用安全绳打“双绳椅子扣”，如图 9—39 所示。

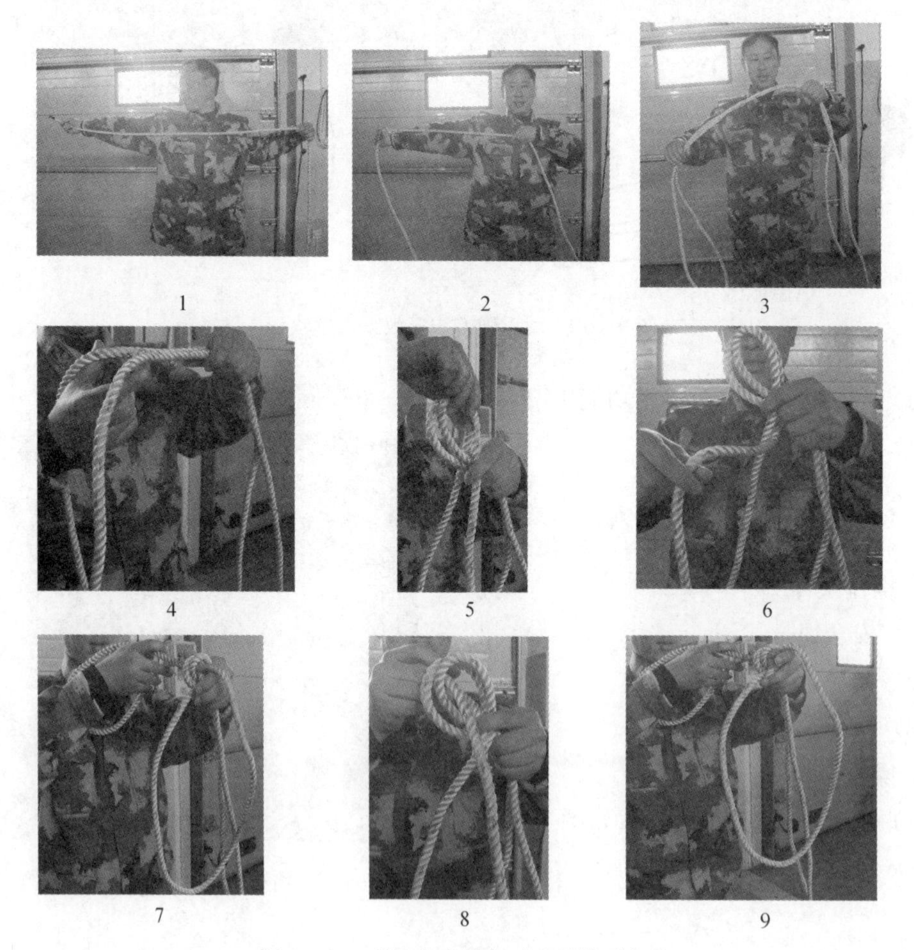

1　2　3　4　5　6　7　8　9

图 9—39　利用安全绳打“双绳椅子扣”

（3）将“双绳椅子扣”套于被救人员身上实施救人，如图 9—40 所示。

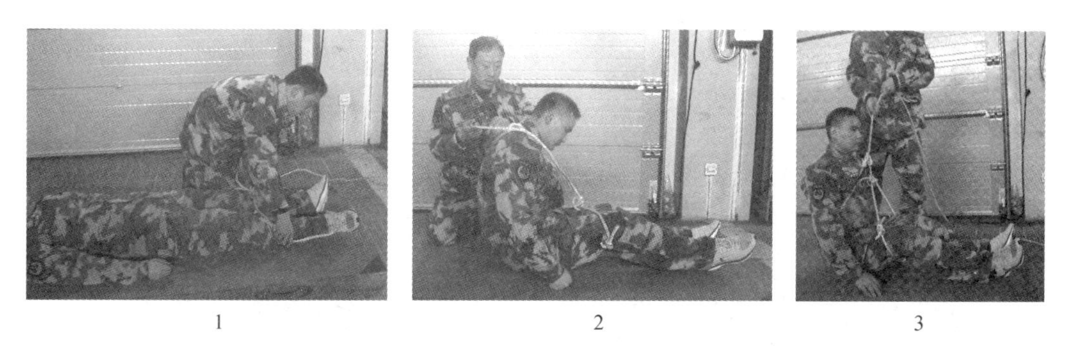


图 9—40　用“双绳椅子扣”实施救人

（4）利用安全绳打“三套腰结”，如图 9—41 所示。

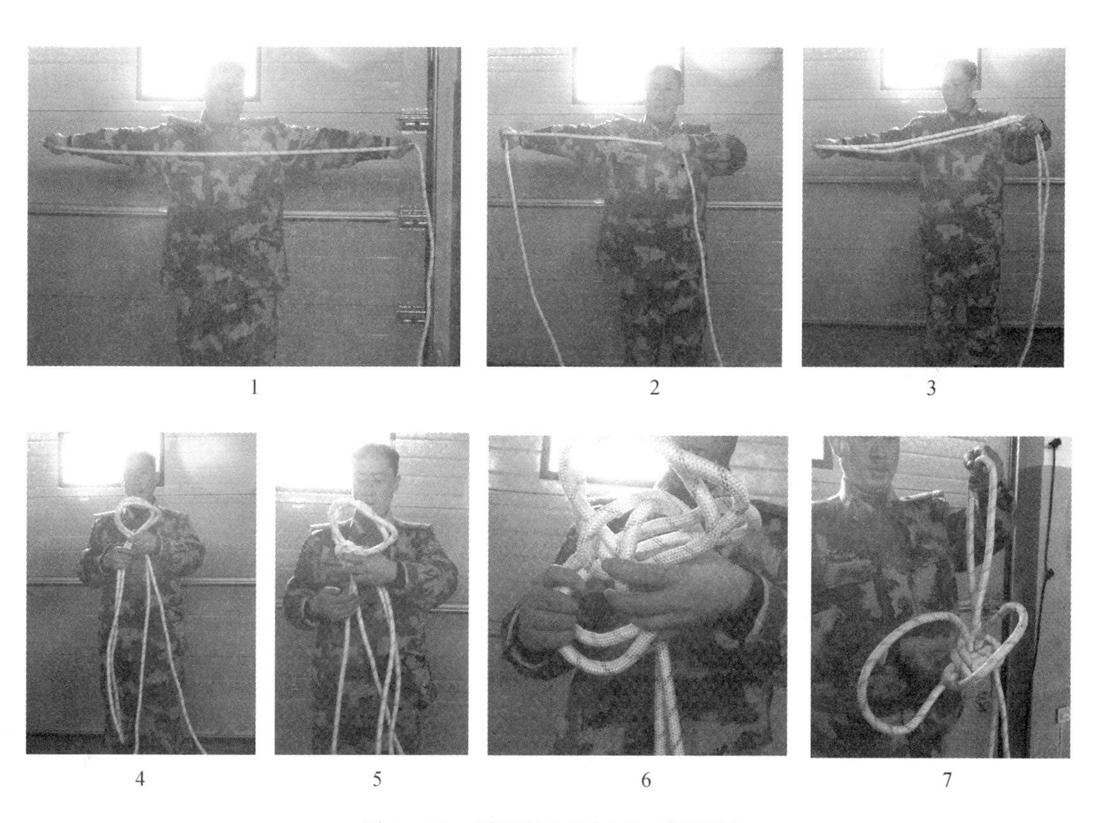


图 9—41　利用安全绳打“三套腰结”

（5）将“三套腰结”套于被救人员身上实施救人，如图 9—42 所示。

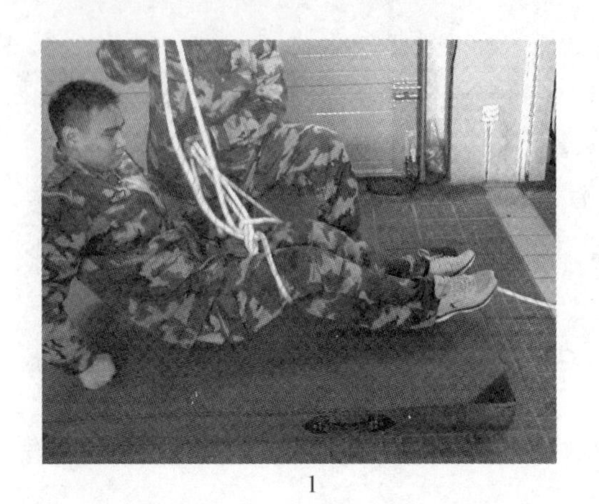

1

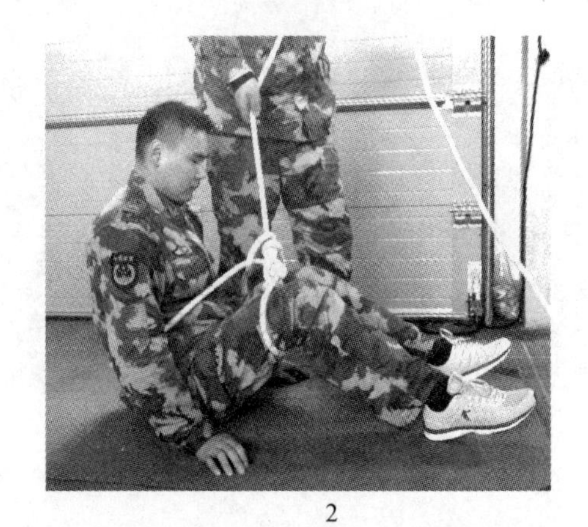

2

图 9—42　用“三套腰结”实施救人

# 第三篇　考核鉴定

## 一、鉴定方式

灭火救援员（五级）采用一体化鉴定方式，鉴定方式分为理论知识考试和操作技能考核。理论知识考试采用闭卷计算机机考方式，操作技能考核采用实际操作、模拟操作和口试等方式。理论知识考试和操作技能考核均采用百分制，成绩皆达60分及以上者为合格。理论知识或操作技能不合格者，可按规定分别补考。

## 二、理论知识考试方案（考试时间 90 min）

| 题库参数 / 题型 | 考试方式 | 题库题量 | 鉴定题量 | 分值（分/题） | 配分（分） |
|---|---|---|---|---|---|
| 判断题 | 闭卷机考 | 400 | 60 | 0.5 | 30 |
| 单项选择题 | | 400 | 70 | 1 | 70 |
| 小计 | — | 800 | 130 | — | 100 |

## 三、操作技能考核方案

**考核项目表**

| 职业（工种）名称 | 灭火救援员 | 等级 | 一 □ 二 □ 三 □ 四 □ 五 √ 其他 □ |
|---|---|---|---|
| 职业代码 | — | | |

| 序号（考位号） | 项目名称 | 单元编号 | 单元内容 | 考核方式 | 抽选方法 | 完成时限（min） | 配分（分） | 准备时限（min） |
|---|---|---|---|---|---|---|---|---|
| 1（考位一） | 识别、点验和操作基本防护、登高装备及灭火器 | 1 | 原地着消防灭火防护服 | 口试操作 | 抽一 | 4 | 20 | 1 |
| | | 2 | 识别、点验、操作单杠梯、6 m 拉梯 | | | | | |
| | | 3 | 原地佩戴空气呼吸器 | | | | | |
| | | 4 | 识别、点验、操作消防呼救器 | | | | | |
| | | 5 | 识别、点验、操作手提式灭火器 | | | | | |
| | | 6 | 识别、点验、操作推车式灭火器 | | | | | |
| 2（考位二） | 识别、点验和操作常规供水、射水器材 | 1 | 室外消火栓两带一枪平地出水操 | 口试操作 | 抽一 | 4 | 20 | 1 |
| | | 2 | 室外消火栓沿 6 m 拉梯登高出水操 | | | | | |
| | | 3 | 室外消火栓沿楼梯铺设登高出水操 | | | | | |
| | | 4 | 识别、点验、操作消防水枪 | | | | | |
| | | 5 | 识别、点验、操作机动消防泵 | | | | | |

续表

| 职业（工种）名称 | 灭火救援员 | 等级 | 一 二 三 四 五 其他 |
|---|---|---|---|
| 职业代码 | — | | □ □ □ □ √ □ |

| 序号（考位号） | 项目名称 | 单元编号 | 单元内容 | 考核方式 | 抽选方法 | 完成时限（min） | 配分（分） | 准备时限（min） |
|---|---|---|---|---|---|---|---|---|
| 3（考位三） | 操作固定消防设施 | 1 | 识别、操作消防电梯 | 口试操作 | 抽一 | 4 | 20 | 1 |
| | | 2 | 识别、操作防火卷帘门 | | | | | |
| | | 3 | 识别、操作消防水泵 | | | | | |
| | | 4 | 识别、操作水泵接合器 | | | | | |
| | | 5 | 识别、操作室内消火栓 | | | | | |
| 4（考位四） | 识别、点验个人防护器具并实施警戒 | 1 | 识别、点验消防防化服和防化手套并实施警戒 | 口试操作 | 抽一 | 4 | 15 | 1 |
| | | 2 | 识别、点验防静电服和防静电手套并实施警戒 | | | | | |
| | | 3 | 识别、点验抢险救援服和抢险救援手套并实施警戒 | | | | | |
| 5（考位五） | 识别、点验和操作常用手动破拆器工具 | 1 | 识别、点验、操作挠钩 | 口试操作 | 抽一 | 4 | 15 | 1 |
| | | 2 | 识别、点验、操作榔头 | | | | | |
| | | 3 | 识别、点验、操作爪耙 | | | | | |
| | | 4 | 识别、点验、操作撑顶器 | | | | | |
| | | 5 | 识别、点验、操作消防锯 | | | | | |
| | | 6 | 识别、点验、操作消防剪 | | | | | |
| | | 7 | 识别、点验、操作消防斧 | | | | | |
| 6（考位六） | 识别、点验和操作应急救助器材 | 1 | 识别、点验、操作绝缘服和绝缘工具 | 操作 | 抽一 | 4 | 10 | 1 |
| | | 2 | 识别、点验、操作开门器 | | | | | |
| | | 3 | 识别、点验、操作缓降器 | | | | | |
| | | 4 | 识别、点验、操作电梯应急开关和救生软梯 | | | | | |
| | | 5 | 徒手救人和识别、点验、操作多功能担架 | | | | | |
| | | 6 | 利用安全绳救人 | | | | | |
| 备注 | 1. 每位考生技能操作考核为6个项目、6个内容、6道试题<br>2. 全部考核时间：30 min。每个项目有1 min准备时间。<br>3. 考评员配置：共6名，每个项目配1名考评员<br>4. 考试时限到，所有考生必须立即停止技能操作 | | | | | | | |

## 四、技能鉴定试题单样张

### 国家职业资格鉴定

### 技能鉴定项目单

灭火救援员__五级__ V3.6

准考证号：　A52

鉴定日期：　2012-12-27　　　　打印时间：2012-12-26　19：25

鉴定所（站）：上海市第45职业技能鉴定所（上海市消防学校）

备注：

| 鉴定项目 | 考试时限 | 场次报到时间 | 考位编号 |
| --- | --- | --- | --- |
| 基本防护、登高装备及灭火器的识别、点验和操作 | 5 min | 13：30 | 1 |
| 识别、点验、操作常规供水、射水器材 | 5 min | 13：35 | 2 |
| 固定消防设施的操作 | 5 min | 13：40 | 3 |
| 识别、点验个人防护器具并实施警戒 | 5 min | 13：45 | 4 |
| 识别、点验、操作常用手动破拆器材 | 5 min | 13：50 | 5 |
| 识别、点验、操作应急救助器材 | 5 min | 13：55 | 6 |

## 五、技能鉴定评分标准

### 1. 评分等级及分值确定

技能鉴定评分采用A、B、C、D、E五个等级，对应分值为：

| 等级 | A（优） | B（良） | C（及格） | D（较差） | E（差或缺席） |
| --- | --- | --- | --- | --- | --- |
| 比值 | 1.0 | 0.8 | 0.6 | 0.2 | 0 |

“评价要素”得分＝配分×等级比值。

### 2. 鉴定项目评分标准

考位一：识别、点验和操作基本防护、登高装备及灭火器

<table>
<tr><td colspan="2">试题代码及名称</td><td colspan="3">1.1.1　原地着消防灭火防护服</td><td colspan="3">鉴定时限</td><td colspan="3">5 min</td></tr>
<tr><td colspan="2" rowspan="2">评价要素</td><td rowspan="2">配分</td><td rowspan="2">等级</td><td rowspan="2">评分细则</td><td colspan="5">评定等级</td><td rowspan="2">得分</td></tr>
<tr><td>A</td><td>B</td><td>C</td><td>D</td><td>E</td></tr>
<tr><td rowspan="5">1</td><td rowspan="5">1. 正确口述灭火防护服适用范围以及保护部位和消防头盔的主要组成部件<br>2. 正确穿着灭火防护服裤子<br>3. 正确穿着灭火防护服上衣<br>4. 正确佩戴消防头盔及消防腰带，并调整至灭火防护状态<br>5. 器材复位</td><td rowspan="5">20</td><td>A</td><td>全部评价要素达到要求</td><td rowspan="5"></td><td rowspan="5"></td><td rowspan="5"></td><td rowspan="5"></td><td rowspan="5"></td><td rowspan="5"></td></tr>
<tr><td>B</td><td>任意 4 点达到要求</td></tr>
<tr><td>C</td><td>任意 3 点达到要求</td></tr>
<tr><td>D</td><td>任意 2 点达到要求</td></tr>
<tr><td>E</td><td>2 点以下达到要求</td></tr>
</table>

<table>
<tr><td colspan="2">试题代码及名称</td><td colspan="3">1.1.2　识别、点验、操作单杠梯、6 m 拉梯</td><td colspan="3">鉴定时限</td><td colspan="3">5 min</td></tr>
<tr><td colspan="2" rowspan="2">评价要素</td><td rowspan="2">配分</td><td rowspan="2">等级</td><td rowspan="2">评分细则</td><td colspan="5">评定等级</td><td rowspan="2">得分</td></tr>
<tr><td>A</td><td>B</td><td>C</td><td>D</td><td>E</td></tr>
<tr><td rowspan="5">1</td><td rowspan="5">1. 正确口述单杠梯和 6 m 拉梯的适用范围<br>2. 正确操作单杠梯<br>3. 正确架设 6 m 拉梯<br>4. 正确攀爬 6 m 拉梯<br>5. 器材复位</td><td rowspan="5">20</td><td>A</td><td>全部评价要素达到要求</td><td rowspan="5"></td><td rowspan="5"></td><td rowspan="5"></td><td rowspan="5"></td><td rowspan="5"></td><td rowspan="5"></td></tr>
<tr><td>B</td><td>任意 4 点达到要求</td></tr>
<tr><td>C</td><td>任意 3 点达到要求</td></tr>
<tr><td>D</td><td>任意 2 点且不包括第 5 点达到要求</td></tr>
<tr><td>E</td><td>2 点以下达到要求</td></tr>
</table>

<table>
<tr><td colspan="2">试题代码及名称</td><td colspan="3">1.1.3　原地佩戴空气呼吸器</td><td colspan="3">鉴定时限</td><td colspan="3">5 min</td></tr>
<tr><td colspan="2" rowspan="2">评价要素</td><td rowspan="2">配分</td><td rowspan="2">等级</td><td rowspan="2">评分细则</td><td colspan="5">评定等级</td><td rowspan="2">得分</td></tr>
<tr><td>A</td><td>B</td><td>C</td><td>D</td><td>E</td></tr>
<tr><td rowspan="5">1</td><td rowspan="5">1. 正确检查气瓶压力及系统气密性<br>2. 正确检查报警器<br>3. 正确检查面罩气密性<br>4. 正确佩戴和脱卸空气呼吸器<br>5. 器材复位</td><td rowspan="5">20</td><td>A</td><td>全部评价要素达到要求</td><td rowspan="5"></td><td rowspan="5"></td><td rowspan="5"></td><td rowspan="5"></td><td rowspan="5"></td><td rowspan="5"></td></tr>
<tr><td>B</td><td>任意 4 点达到要求</td></tr>
<tr><td>C</td><td>任意 3 点达到要求</td></tr>
<tr><td>D</td><td>任意 2 点且不包括第 5 点达到要求</td></tr>
<tr><td>E</td><td>2 点以下达到要求</td></tr>
</table>

<table>
<tr><td colspan="2">试题代码及名称</td><td colspan="3">1.1.4　识别、点验、操作消防呼救器</td><td colspan="2">鉴定时限</td><td colspan="4">5 min</td></tr>
<tr><td colspan="2" rowspan="2">评价要素</td><td rowspan="2">配分</td><td rowspan="2">等级</td><td rowspan="2">评分细则</td><td colspan="5">评定等级</td><td rowspan="2">得分</td></tr>
<tr><td>A</td><td>B</td><td>C</td><td>D</td><td>E</td></tr>
<tr><td rowspan="5">1</td><td rowspan="5">1. 正确口述如何判断消防呼救器电量是否允足<br>2. 正确操作消防呼救器的控制开关<br>3. 正确操作消防呼救器的预报警功能<br>4. 正确操作消防呼救器的报警功能<br>5. 正确操作消防呼救器的手动报警功能</td><td rowspan="5">20</td><td>A</td><td>全部评价要素达到要求</td><td rowspan="5"></td><td rowspan="5"></td><td rowspan="5"></td><td rowspan="5"></td><td rowspan="5"></td><td rowspan="5"></td></tr>
<tr><td>B</td><td>任意 4 点达到要求</td></tr>
<tr><td>C</td><td>任意 3 点达到要求</td></tr>
<tr><td>D</td><td>任意 2 点达到要求</td></tr>
<tr><td>E</td><td>2 点以下达到要求</td></tr>
</table>

<table>
<tr><td colspan="2">试题代码及名称</td><td colspan="3">1.1.5　识别、点验、操作手提式灭火器</td><td colspan="2">鉴定时限</td><td colspan="4">5 min</td></tr>
<tr><td colspan="2" rowspan="2">评价要素</td><td rowspan="2">配分</td><td rowspan="2">等级</td><td rowspan="2">评分细则</td><td colspan="5">评定等级</td><td rowspan="2">得分</td></tr>
<tr><td>A</td><td>B</td><td>C</td><td>D</td><td>E</td></tr>
<tr><td rowspan="5">1</td><td rowspan="5">1. 按要求正确选择手提式灭火器<br>2. 判断风向，选择上风或侧上风方向<br>3. 拔掉灭火器的保险销<br>4. 把灭火器提至起火点前 3 m 处<br>5. 正确实施灭火，将火扑灭</td><td rowspan="5">20</td><td>A</td><td>全部评价要素达到要求</td><td rowspan="5"></td><td rowspan="5"></td><td rowspan="5"></td><td rowspan="5"></td><td rowspan="5"></td><td rowspan="5"></td></tr>
<tr><td>B</td><td>包括第 1 点在内的任意 4 点达到要求</td></tr>
<tr><td>C</td><td>包括第 1 点在内的任意 3 点达到要求</td></tr>
<tr><td>D</td><td>包括第 1 点在内的任意 2 点达到要求</td></tr>
<tr><td>E</td><td>2 点以下达到要求</td></tr>
</table>

<table>
<tr><td colspan="2">试题代码及名称</td><td colspan="3">1.1.6　识别、点验、操作推车式灭火器</td><td colspan="2">鉴定时限</td><td colspan="4">5 min</td></tr>
<tr><td colspan="2" rowspan="2">评价要素</td><td rowspan="2">配分</td><td rowspan="2">等级</td><td rowspan="2">评分细则</td><td colspan="5">评定等级</td><td rowspan="2">得分</td></tr>
<tr><td>A</td><td>B</td><td>C</td><td>D</td><td>E</td></tr>
<tr><td rowspan="5">1</td><td rowspan="5">1. 按要求正确选择推车式灭火器<br>2. 把推车灭火器推至起火点前 5～7 m 处的上风向或侧上风方向<br>3. 取下喷枪，拉直胶管，打开枪阀<br>4. 打开容器阀门<br>5. 正确实施灭火，将火扑灭</td><td rowspan="5">20</td><td>A</td><td>全部评价要素达到要求</td><td rowspan="5"></td><td rowspan="5"></td><td rowspan="5"></td><td rowspan="5"></td><td rowspan="5"></td><td rowspan="5"></td></tr>
<tr><td>B</td><td>包括第 1 点在内的任意 4 点达到要求</td></tr>
<tr><td>C</td><td>包括第 1 点在内的任意 3 点达到要求</td></tr>
<tr><td>D</td><td>包括第 1 点在内的任意 2 点达到要求</td></tr>
<tr><td>E</td><td>2 点以下达到要求</td></tr>
</table>

## 考位二：识别、点验和操作常规供水、射水器材

| 试题代码及名称 | | 1.2.1　室外消火栓两带一枪平地出水操 | | | 鉴定时限 | | | 5 min | | |
|---|---|---|---|---|---|---|---|---|---|---|
| 评价要素 | | 配分 | 等级 | 评分细则 | 评定等级 | | | | | 得分 |
| | | | | | A | B | C | D | E | |
| 2 | 1. 正确回答口述内容<br>2. 正确施放第 1 根水带并与室外消火栓连接<br>3. 在行进中正确施放第 2 根水带，并连接两根水带<br>4. 正确连接第 2 根水带与水枪<br>5. 正确做出射水姿势，并发出开水指令<br>6. 正确收卷水带 | 20 | A | 全部达到鉴定要求 | | | | | | |
| | | | B | 第 2、3、4、5、6 点达到要求 | | | | | | |
| | | | C | 第 2、3、4 点达到要求 | | | | | | |
| | | | D | 第 2、3 点达到要求 | | | | | | |
| | | | E | 第 2 或第 3 点没有达到要求 | | | | | | |

| 试题代码及名称 | | 1.2.2　室外消火栓沿 6 m 拉梯登高出水操 | | | 鉴定时限 | | | 5 min | | |
|---|---|---|---|---|---|---|---|---|---|---|
| 评价要素 | | 配分 | 等级 | 评分细则 | 评定等级 | | | | | 得分 |
| | | | | | A | B | C | D | E | |
| 2 | 1. 正确回答口述内容<br>2. 正确架设 6 m 拉梯<br>3. 正确放置水枪、施放水带，并连接室外消火栓<br>4. 正确放置水带位置，攀登 6 m 拉梯并进窗<br>5. 正确连接水带与水枪，做出射水姿势，并发出开水指令<br>6. 正确收卷水带，摆放 6 m 拉梯 | 20 | A | 全部达到鉴定要求 | | | | | | |
| | | | B | 第 1、2、3、4、6 点达到要求 | | | | | | |
| | | | C | 第 1、3、4 点达到要求 | | | | | | |
| | | | D | 第 1、3 点达到要求 | | | | | | |
| | | | E | 第 1 或第 3 点没有达到要求 | | | | | | |

| 试题代码及名称 | | 1.2.3　室外消火栓沿楼梯铺设登高出水操 | | | 鉴定时限 | | | 5 min | | |
|---|---|---|---|---|---|---|---|---|---|---|
| 评价要素 | | 配分 | 等级 | 评分细则 | 评定等级 | | | | | 得分 |
| | | | | | A | B | C | D | E | |
| 2 | 1. 正确回答口述内容<br>2. 正确施放第 1 根水带，并连接室外消火栓<br>3. 正确沿楼梯铺设水带至 2 楼，并正确连接 2 根水带<br>4. 正确连接水带与水枪，做出射水姿势，并发出开水指令<br>5. 正确收卷水带 | 20 | A | 全部达到鉴定要求 | | | | | | |
| | | | B | 第 1、2、3、5 点达到要求 | | | | | | |
| | | | C | 第 1、2、3 点达到要求 | | | | | | |
| | | | D | 第 1、3 点达到要求 | | | | | | |
| | | | E | 第 1 或第 3 点没有达到要求 | | | | | | |

| 试题代码及名称 | | 1.2.4 识别、点验、操作消防水枪 | | | 鉴定时限 | | 5 min | | | |
|---|---|---|---|---|---|---|---|---|---|---|
| 评价要素 | | 配分 | 等级 | 评分细则 | 评定等级 | | | | | 得分 |
| | | | | | A | B | C | D | E | |
| 2 | 1. 正确识别出消防水枪<br>2. 正确指出喷嘴、开关等各组成部件<br>3. 正确变换站姿、蹲姿、卧姿 3 种射水姿势<br>4. 正确变换直流、喷雾、直流开花、喷雾开花等射流转换 | 20 | A | 全部达到鉴定要求 | | | | | | |
| | | | B | 第 1、3、4 点达到要求 | | | | | | |
| | | | C | 第 3、4 点达到要求 | | | | | | |
| | | | D | 仅第 3 点达到要求 | | | | | | |
| | | | E | 第 3 点没有达到要求 | | | | | | |

| 试题代码及名称 | | 1.2.5 识别、点验、操作机动消防泵 | | | 鉴定时限 | | 5 min | | | |
|---|---|---|---|---|---|---|---|---|---|---|
| 评价要素 | | 配分 | 等级 | 评分细则 | 评定等级 | | | | | 得分 |
| | | | | | A | B | C | D | E | |
| 2 | 1. 正确回答口述内容<br>2. 正确介绍开关、发动机功率、加油口、手抬臂等各组成部件<br>3. 正确发动机动消防泵、转换功率、停止消防泵<br>4. 正确回答机动消防泵的维护保养内容和要求 | 20 | A | 全部达到鉴定要求 | | | | | | |
| | | | B | 第 1、3、4 点达到要求 | | | | | | |
| | | | C | 第 3、4 点达到要求 | | | | | | |
| | | | D | 仅第 3 点达到要求的 | | | | | | |
| | | | E | 第 3 点没有达到要求 | | | | | | |

## 考位三：操作固定消防设施

| 试题代码及名称 | | 1.3.1 识别、操作消防电梯 | | | 鉴定时限 | | 5 min | | | |
|---|---|---|---|---|---|---|---|---|---|---|
| 评价要素 | | 配分 | 等级 | 评分细则 | 评定等级 | | | | | 得分 |
| | | | | | A | B | C | D | E | |
| 3 | 1. 正确叙述口述内容<br>2. 正确控制切换为消防电梯<br>3. 正确启动消防电梯<br>4. 正确使用消防电梯通信设备<br>5. 正确恢复系统 | 20 | A | 全部达到鉴定要求 | | | | | | |
| | | | B | 第 2、3、4、5 点达到要求 | | | | | | |
| | | | C | 第 2、3、4 点达到要求 | | | | | | |
| | | | D | 第 2、3 点达到要求 | | | | | | |
| | | | E | 第 2 或第 3 点没有达到要求 | | | | | | |

<table>
<tr><td colspan="2">试题代码及名称</td><td colspan="3">1.3.2　识别、操作防火卷帘门</td><td colspan="3">鉴定时限</td><td colspan="3">5 min</td></tr>
<tr><td colspan="2" rowspan="2">评价要素</td><td rowspan="2">配分</td><td rowspan="2">等级</td><td rowspan="2">评分细则</td><td colspan="5">评定等级</td><td rowspan="2">得分</td></tr>
<tr><td>A</td><td>B</td><td>C</td><td>D</td><td>E</td></tr>
<tr><td rowspan="5">3</td><td rowspan="5">1. 正确叙述口述内容<br>2. 正确启动防火卷帘<br>3. 正确控制防火卷帘<br>4. 正确检查防火卷帘<br>5. 正确恢复系统</td><td rowspan="5">20</td><td>A</td><td>全部达到鉴定要求</td><td rowspan="5"></td><td rowspan="5"></td><td rowspan="5"></td><td rowspan="5"></td><td rowspan="5"></td><td rowspan="5"></td></tr>
<tr><td>B</td><td>第 2、3、4、5 点达到要求</td></tr>
<tr><td>C</td><td>第 2、3、4 点达到要求</td></tr>
<tr><td>D</td><td>第 2、3 点达到要求</td></tr>
<tr><td>E</td><td>第 2 或第 3 点没有达到要求</td></tr>
</table>

<table>
<tr><td colspan="2">试题代码及名称</td><td colspan="3">1.3.3　识别、操作消防水泵</td><td colspan="3">鉴定时限</td><td colspan="3">5 min</td></tr>
<tr><td colspan="2" rowspan="2">评价要素</td><td rowspan="2">配分</td><td rowspan="2">等级</td><td rowspan="2">评分细则</td><td colspan="5">评定等级</td><td rowspan="2">得分</td></tr>
<tr><td>A</td><td>B</td><td>C</td><td>D</td><td>E</td></tr>
<tr><td rowspan="5">3</td><td rowspan="5">1. 正确叙述口述内容<br>2. 正确启动消防水泵<br>3. 正确切换电源<br>4. 正确恢复系统</td><td rowspan="5">20</td><td>A</td><td>全部达到鉴定要求</td><td rowspan="5"></td><td rowspan="5"></td><td rowspan="5"></td><td rowspan="5"></td><td rowspan="5"></td><td rowspan="5"></td></tr>
<tr><td>B</td><td>第 2、3、4 点达到要求</td></tr>
<tr><td>C</td><td>第 2、3 点达到要求</td></tr>
<tr><td>D</td><td>仅第 2 点达到要求</td></tr>
<tr><td>E</td><td>第 2 点没有达到要求</td></tr>
</table>

<table>
<tr><td colspan="2">试题代码及名称</td><td colspan="3">1.3.4　识别、操作水泵接合器</td><td colspan="3">鉴定时限</td><td colspan="3">5 min</td></tr>
<tr><td colspan="2" rowspan="2">评价要素</td><td rowspan="2">配分</td><td rowspan="2">等级</td><td rowspan="2">评分细则</td><td colspan="5">评定等级</td><td rowspan="2">得分</td></tr>
<tr><td>A</td><td>B</td><td>C</td><td>D</td><td>E</td></tr>
<tr><td rowspan="5">3</td><td rowspan="5">1. 正确叙述口述内容<br>2. 正确选择水泵接合器<br>3. 正确施放水带<br>4. 正确打开水泵接合器闸阀<br>5. 正确连接分水器、水泵接合器<br>6. 正确恢复系统</td><td rowspan="5">20</td><td>A</td><td>全部达到鉴定要求</td><td rowspan="5"></td><td rowspan="5"></td><td rowspan="5"></td><td rowspan="5"></td><td rowspan="5"></td><td rowspan="5"></td></tr>
<tr><td>B</td><td>第 2、3、4、5 点达到要求</td></tr>
<tr><td>C</td><td>第 2、4、5 点达到要求</td></tr>
<tr><td>D</td><td>第 2、4 点达到要求</td></tr>
<tr><td>E</td><td>第 2 或第 4 点没有达到要求</td></tr>
</table>

<table>
<tr><td colspan="2">试题代码及名称</td><td colspan="3">1.3.5　识别、操作室内消火栓</td><td colspan="3">鉴定时限</td><td colspan="3">5 min</td></tr>
<tr><td colspan="2" rowspan="2">评价要素</td><td rowspan="2">配分</td><td rowspan="2">等级</td><td rowspan="2">评分细则</td><td colspan="5">评定等级</td><td rowspan="2">得分</td></tr>
<tr><td>A</td><td>B</td><td>C</td><td>D</td><td>E</td></tr>
<tr><td rowspan="5">3</td><td rowspan="5">1. 正确叙述口述内容<br>2. 正确启动消防水泵<br>3. 正确施放水带<br>4. 正确连接栓口、水枪<br>5. 正确打开消火栓阀<br>6. 正确恢复系统</td><td rowspan="5">20</td><td>A</td><td>全部达到鉴定要求</td><td rowspan="5"></td><td rowspan="5"></td><td rowspan="5"></td><td rowspan="5"></td><td rowspan="5"></td><td rowspan="5"></td></tr>
<tr><td>B</td><td>第 2、3、4、5 点达到要求</td></tr>
<tr><td>C</td><td>第 2、4、5 点达到要求</td></tr>
<tr><td>D</td><td>第 2、5 点达到要求</td></tr>
<tr><td>E</td><td>第 2 或第 5 点没有达到要求</td></tr>
</table>

考位四：识别、点验个人防护器具并实施警戒

<table>
<tr><td colspan="2">试题代码及名称</td><td colspan="3">2.1.1　识别、点验消防防化服和防化手套并实施警戒</td><td colspan="3">鉴定时限</td><td colspan="3">5 min</td></tr>
<tr><td colspan="2" rowspan="2">评价要素</td><td rowspan="2">配分</td><td rowspan="2">等级</td><td rowspan="2">评分细则</td><td colspan="5">评定等级</td><td rowspan="2">得分</td></tr>
<tr><td>A</td><td>B</td><td>C</td><td>D</td><td>E</td></tr>
<tr><td rowspan="5">1</td><td rowspan="5">1. 正确识别消防防化服<br>2. 正确识别防化手套<br>3. 正确识别相关警戒器材并口述其使用要求<br>4. 正确穿戴消防防化服和防化手套<br>5. 卸下相关器具并放回原位</td><td rowspan="5">15</td><td>A</td><td>全部达到鉴定要求</td><td rowspan="5"></td><td rowspan="5"></td><td rowspan="5"></td><td rowspan="5"></td><td rowspan="5"></td><td rowspan="5"></td></tr>
<tr><td>B</td><td>第 3、4 点和其余任意两点达到要求</td></tr>
<tr><td>C</td><td>第 3 点和第 4 点都达到要求</td></tr>
<tr><td>D</td><td>第 3 点或第 4 点达到要求</td></tr>
<tr><td>E</td><td>5 点均未达到要求</td></tr>
</table>

<table>
<tr><td colspan="2">试题代码及名称</td><td colspan="3">2.1.2　识别、点验防静电服和防静电手套并实施警戒</td><td colspan="3">鉴定时限</td><td colspan="3">5 min</td></tr>
<tr><td colspan="2" rowspan="2">评价要素</td><td rowspan="2">配分</td><td rowspan="2">等级</td><td rowspan="2">评分细则</td><td colspan="5">评定等级</td><td rowspan="2">得分</td></tr>
<tr><td>A</td><td>B</td><td>C</td><td>D</td><td>E</td></tr>
<tr><td rowspan="5">1</td><td rowspan="5">1. 正确识别防静电服<br>2. 正确识别防静电手套<br>3. 正确识别相关警戒器材并口述其使用要求<br>4. 正确穿戴防静电服和防静电手套<br>5. 卸下相关器具并放回原位</td><td rowspan="5">15</td><td>A</td><td>全部达到鉴定要求</td><td rowspan="5"></td><td rowspan="5"></td><td rowspan="5"></td><td rowspan="5"></td><td rowspan="5"></td><td rowspan="5"></td></tr>
<tr><td>B</td><td>第 3、4 点和其余任意两点达到要求</td></tr>
<tr><td>C</td><td>第 3 点和第 4 点都达到要求</td></tr>
<tr><td>D</td><td>第 3 点或第 4 点达到要求</td></tr>
<tr><td>E</td><td>5 点均未达到要求</td></tr>
</table>

<table>
<tr><td colspan="2">试题代码及名称</td><td colspan="3">2.1.3　识别、点验抢险救援服和抢险救援手套并实施警戒</td><td colspan="3">鉴定时限</td><td colspan="3">5 min</td></tr>
<tr><td colspan="2" rowspan="2">评价要素</td><td rowspan="2">配分</td><td rowspan="2">等级</td><td rowspan="2">评分细则</td><td colspan="5">评定等级</td><td rowspan="2">得分</td></tr>
<tr><td>A</td><td>B</td><td>C</td><td>D</td><td>E</td></tr>
<tr><td rowspan="5">1</td><td rowspan="5">1. 正确识别抢险救援服<br>2. 正确识别抢险救援手套<br>3. 正确识别相关警戒器材并口述其使用要求<br>4. 正确穿戴抢险救援服和抢险救援手套<br>5. 卸下相关器具并放回原位</td><td rowspan="5">15</td><td>A</td><td>全部达到鉴定要求</td><td rowspan="5"></td><td rowspan="5"></td><td rowspan="5"></td><td rowspan="5"></td><td rowspan="5"></td><td rowspan="5"></td></tr>
<tr><td>B</td><td>第 3、4 点和其余任意两点达到要求</td></tr>
<tr><td>C</td><td>第 3 点和第 4 点都达到要求</td></tr>
<tr><td>D</td><td>第 3 点或第 4 点达到要求</td></tr>
<tr><td>E</td><td>5 点均未达到要求</td></tr>
</table>

## 考位五：识别、点验和操作常用手动破拆工具

| 试题代码及名称 | | | 2.2.1 识别、点验、操作挠钩 | | 鉴定时限 | | | 5 min | | |
|---|---|---|---|---|---|---|---|---|---|---|
| 评价要素 | | 配分 | 等级 | 评分细则 | 评定等级 | | | | | 得分 |
| | | | | | A | B | C | D | E | |
| 1 | 1. 正确识别挠钩<br>2. 正确口述挠钩的用途<br>3. 正确穿戴个人防护器具<br>4. 正确演示挠钩的使用方法<br>5. 卸下相关器材并放回原位 | 15 | A | 全部达到鉴定要求 | | | | | | |
| | | | B | 第3、4点和其余任意两点达到要求 | | | | | | |
| | | | C | 第3点和第4点都达到要求 | | | | | | |
| | | | D | 第4点达到要求 | | | | | | |
| | | | E | 5点均未达到要求 | | | | | | |

| 试题代码及名称 | | | 2.2.2 识别、点验、操作榔头 | | 鉴定时限 | | | 5 min | | |
|---|---|---|---|---|---|---|---|---|---|---|
| 评价要素 | | 配分 | 等级 | 评分细则 | 评定等级 | | | | | 得分 |
| | | | | | A | B | C | D | E | |
| 1 | 1. 正确识别榔头<br>2. 正确口述榔头的用途<br>3. 正确穿戴个人防护器具<br>4. 正确演示榔头的使用方法<br>5. 卸下相关器材并放回原位 | 15 | A | 全部达到鉴定要求 | | | | | | |
| | | | B | 第3、4点和其余任意两点达到要求 | | | | | | |
| | | | C | 第3点和第4点都达到要求 | | | | | | |
| | | | D | 第4点达到要求 | | | | | | |
| | | | E | 5点均未达到要求 | | | | | | |

| 试题代码及名称 | | | 2.2.3 识别、点验、操作爪耙 | | 鉴定时限 | | | 5 min | | |
|---|---|---|---|---|---|---|---|---|---|---|
| 评价要素 | | 配分 | 等级 | 评分细则 | 评定等级 | | | | | 得分 |
| | | | | | A | B | C | D | E | |
| 1 | 1. 正确识别爪耙<br>2. 正确口述爪耙的用途<br>3. 正确穿戴个人防护器具<br>4. 正确演示爪耙的使用方法<br>5. 卸下相关器材并放回原位 | 15 | A | 全部达到鉴定要求 | | | | | | |
| | | | B | 第3、4点和其余任意两点达到要求 | | | | | | |
| | | | C | 第3点和第4点都达到要求 | | | | | | |
| | | | D | 第4点达到要求 | | | | | | |
| | | | E | 5点均未达到要求 | | | | | | |

| 试题代码及名称 | | 2.2.4 识别、点验、操作撑顶器 | | | 鉴定时限 | | | 5 min | | |
|---|---|---|---|---|---|---|---|---|---|---|
| 评价要素 | | 配分 | 等级 | 评分细则 | 评定等级 | | | | | 得分 |
| | | | | | A | B | C | D | E | |
| 1 | 1. 正确识别撑顶器<br>2. 正确口述撑顶器的用途<br>3. 正确穿戴个人防护器具<br>4. 正确演示撑顶器的使用方法<br>5. 卸下相关器材并放回原位 | 15 | A | 全部达到鉴定要求 | | | | | | |
| | | | B | 第 3、4 点和其余任意两点达到要求 | | | | | | |
| | | | C | 第 3 点和第 4 点都达到要求 | | | | | | |
| | | | D | 第 4 点达到要求 | | | | | | |
| | | | E | 5 点均未达到要求 | | | | | | |

| 试题代码及名称 | | 2.2.5 识别、点验、操作消防锯 | | | 鉴定时限 | | | 5 min | | |
|---|---|---|---|---|---|---|---|---|---|---|
| 评价要素 | | 配分 | 等级 | 评分细则 | 评定等级 | | | | | 得分 |
| | | | | | A | B | C | D | E | |
| 1 | 1. 正确识别消防锯<br>2. 正确口述消防锯的用途<br>3. 正确穿戴个人防护器具<br>4. 正确演示消防锯的使用方法<br>5. 卸下相关器材并放回原位 | 15 | A | 全部达到鉴定要求 | | | | | | |
| | | | B | 第 3、4 点和其余任意两点达到要求 | | | | | | |
| | | | C | 第 3 点和第 4 点都达到要求 | | | | | | |
| | | | D | 第 4 点达到要求 | | | | | | |
| | | | E | 5 点均未达到要求 | | | | | | |

| 试题代码及名称 | | 2.2.6 识别、点验、操作消防剪 | | | 鉴定时限 | | | 5 min | | |
|---|---|---|---|---|---|---|---|---|---|---|
| 评价要素 | | 配分 | 等级 | 评分细则 | 评定等级 | | | | | 得分 |
| | | | | | A | B | C | D | E | |
| 1 | 1. 正确识别消防剪<br>2. 正确口述消防剪的用途<br>3. 正确穿戴个人防护器具<br>4. 正确演示消防剪的使用方法<br>5. 卸下相关器材并放回原位 | 15 | A | 全部达到鉴定要求 | | | | | | |
| | | | B | 第 3、4 点和其余任意两点达到要求 | | | | | | |
| | | | C | 第 3 点和第 4 点都达到要求 | | | | | | |
| | | | D | 第 4 点达到要求 | | | | | | |
| | | | E | 5 点均未达到要求 | | | | | | |

<table>
<tr><td colspan="2">试题代码及名称</td><td colspan="3">2.2.7　识别、点验、操作消防斧</td><td colspan="2">鉴定时限</td><td colspan="4">5 min</td></tr>
<tr><td colspan="2" rowspan="2">评价要素</td><td rowspan="2">配分</td><td rowspan="2">等级</td><td rowspan="2">评分细则</td><td colspan="5">评定等级</td><td rowspan="2">得分</td></tr>
<tr><td>A</td><td>B</td><td>C</td><td>D</td><td>E</td></tr>
<tr><td rowspan="5">1</td><td rowspan="5">1. 正确识别消防斧<br>2. 正确口述消防斧的用途<br>3. 正确穿戴个人防护器具<br>4. 正确演示消防斧的使用方法<br>5. 卸下相关器材并放回原位</td><td rowspan="5">15</td><td>A</td><td>全部达到鉴定要求</td><td rowspan="5"></td><td rowspan="5"></td><td rowspan="5"></td><td rowspan="5"></td><td rowspan="5"></td><td rowspan="5"></td></tr>
<tr><td>B</td><td>第 3、4 点和其余任意两点达到要求</td></tr>
<tr><td>C</td><td>第 3 点和第 4 点都达到要求</td></tr>
<tr><td>D</td><td>第 4 点达到要求</td></tr>
<tr><td>E</td><td>5 点均未达到要求</td></tr>
</table>

## 考位六：识别、点验和操作应急救助器材

<table>
<tr><td colspan="2">试题代码及名称</td><td colspan="3">3.1.1　识别、点验、操作绝缘服和绝缘工具</td><td colspan="2">鉴定时限</td><td colspan="4">5 min</td></tr>
<tr><td colspan="2" rowspan="2">评价要素</td><td rowspan="2">配分</td><td rowspan="2">等级</td><td rowspan="2">评分细则</td><td colspan="5">评定等级</td><td rowspan="2">得分</td></tr>
<tr><td>A</td><td>B</td><td>C</td><td>D</td><td>E</td></tr>
<tr><td rowspan="5">1</td><td rowspan="5">1. 能正确识别和点验绝缘服和绝缘工具<br>2. 穿绝缘服<br>3. 穿戴绝缘手套、绝缘鞋、安全帽<br>4. 使用断线钳剪断导线<br>5. 器材复位</td><td rowspan="5">15</td><td>A</td><td>全部达到鉴定要求</td><td rowspan="5"></td><td rowspan="5"></td><td rowspan="5"></td><td rowspan="5"></td><td rowspan="5"></td><td rowspan="5"></td></tr>
<tr><td>B</td><td>第 2、4 点和其余任意两点达到要求</td></tr>
<tr><td>C</td><td>第 2 点和第 4 点均达到要求</td></tr>
<tr><td>D</td><td>第 2 点或第 4 点达到要求</td></tr>
<tr><td>E</td><td>第 2 点和第 4 点均未达到要求</td></tr>
</table>

<table>
<tr><td colspan="2">试题代码及名称</td><td colspan="3">3.1.2　识别、点验、操作开门器</td><td colspan="2">鉴定时限</td><td colspan="4">5 min</td></tr>
<tr><td colspan="2" rowspan="2">评价要素</td><td rowspan="2">配分</td><td rowspan="2">等级</td><td rowspan="2">评分细则</td><td colspan="5">评定等级</td><td rowspan="2">得分</td></tr>
<tr><td>A</td><td>B</td><td>C</td><td>D</td><td>E</td></tr>
<tr><td rowspan="5">1</td><td rowspan="5">1. 能正确识别和点验开门器各部件<br>2. 将手动液压泵、开门器和导管正确连接<br>3. 将开门器插入需要作业的门缝内<br>4. 打开液压油路的开关，用手上下连续按动手柄，直到门打开为止<br>5. 作业完毕，关闭油路开关，恢复原状</td><td rowspan="5">15</td><td>A</td><td>5 点都达到要求的</td><td rowspan="5"></td><td rowspan="5"></td><td rowspan="5"></td><td rowspan="5"></td><td rowspan="5"></td><td rowspan="5"></td></tr>
<tr><td>B</td><td>第 1、2、3、4 点都达到要求或第 2、3、4、5 点都达到要求的</td></tr>
<tr><td>C</td><td>第 4 点达到要求的</td></tr>
<tr><td>D</td><td>第 1、2、3 中任意 1 点达到要求的</td></tr>
<tr><td>E</td><td>5 点均未达到要求</td></tr>
</table>

| 试题代码及名称 | | 3.1.3 识别、点验、操作缓降器 | | | 鉴定时限 | | | 5 min | | |
|---|---|---|---|---|---|---|---|---|---|---|
| 评价要素 | | 配分 | 等级 | 评分细则 | 评定等级 | | | | | 得分 |
| | | | | | A | B | C | D | E | |
| 1 | 1. 能正确识别和点验缓降器<br>2. 将缓降器吊钩固定于牢固物体上，并将绳盘抛于楼下<br>3. 将安全带绑系于腋下<br>4. 从楼上安全滑落于地面<br>5. 器材复位 | 15 | A | 全部达到鉴定要求 | | | | | | |
| | | | B | 1、2、3、4 点都达到要求或 2、3、4、5 点都达到要求 | | | | | | |
| | | | C | 仅第 4 点达到要求 | | | | | | |
| | | | D | 第 1、2、3 中任意 1 点达到要求 | | | | | | |
| | | | E | 5 点均未达到要求 | | | | | | |

| 试题代码及名称 | | 3.1.4 识别、点验、操作电梯应急开关和救生软梯 | | | 鉴定时限 | | | 5 min | | |
|---|---|---|---|---|---|---|---|---|---|---|
| 评价要素 | | 配分 | 等级 | 评分细则 | 评定等级 | | | | | 得分 |
| | | | | | A | B | C | D | E | |
| 1 | 1. 能正确识别电梯应急开关<br>2. 能正确识别和点验救生软梯<br>3. 操作电梯应急开关使电梯迫降<br>4. 将救生软梯固定在牢固物体上，并向楼下施放<br>5. 器材复位 | 15 | A | 全部达到鉴定要求 | | | | | | |
| | | | B | 第 3、4 点和其余任意两点达到要求 | | | | | | |
| | | | C | 第 3 点和第 4 点均达到要求 | | | | | | |
| | | | D | 第 3 点或第 4 点达到要求 | | | | | | |
| | | | E | 第 3 点和第 4 点均未达到要求 | | | | | | |

| 试题代码及名称 | | 3.1.5 徒手救人和识别、点验、操作多功能担架 | | | 鉴定时限 | | | 5 min | | |
|---|---|---|---|---|---|---|---|---|---|---|
| 评价要素 | | 配分 | 等级 | 评分细则 | 评定等级 | | | | | 得分 |
| | | | | | A | B | C | D | E | |
| 1 | 1. 能正确识别和点验多功能担架<br>2. 将多功能担架按正确方法打开<br>3. 采用背、抱或抬等方式将垫子上的被救人员救起<br>4. 将被救人员安放于多功能担架上，做好固定<br>5. 复位 | 15 | A | 全部达到鉴定要求 | | | | | | |
| | | | B | 第 2、3 点和其余任意两点达到要求 | | | | | | |
| | | | C | 第 2 点和第 3 点均达到要求 | | | | | | |
| | | | D | 第 2 点或第 3 点达到要求 | | | | | | |
| | | | E | 第 2 点和第 3 点均未达到要求 | | | | | | |

| 试题代码及名称 | | 3.1.6　利用安全绳救人 | | | 鉴定时限 | | | | 5 min | |
|---|---|---|---|---|---|---|---|---|---|---|
| 评价要素 | | 配分 | 等级 | 评分细则 | 评定等级 | | | | | 得分 |
| | | | | | A | B | C | D | E | |
| 1 | 1. 能正确识别和点验缓降器<br>2. 利用安全绳打“双绳椅子扣”<br>3. 将“双绳椅子扣”套于被救人员身上实施救人<br>4. 利用安全绳打“三套腰结”<br>5. 将“三套腰结”套于被救人员身上实施救人 | 15 | A | 全部达到鉴定要求 | | | | | | |
| | | | B | 4点达到要求 | | | | | | |
| | | | C | 3点达到要求 | | | | | | |
| | | | D | 任意1点达到要求 | | | | | | |
| | | | E | 5点均未达到要求 | | | | | | |

# 第四篇　灭火救援员（五级）理论知识模拟试题

# 模拟试题一

**一、判断题（第 1 题～第 60 题。将判断结果填入括号中，正确的填“√”，错误的填“×”。每题 0.5 分，满分 30 分。）**

1. 社会主义职业道德的原则是遵纪守法。（　）

2. 公安消防部队忠诚可靠、服务人民，反映在履行职能使命的具体行动上，根本途径就是竭诚奉献。（　）

3. 火灾是指在时间或空间上失去控制的燃烧所造成的灾害。（　）

4. 火灾中的人员死亡，大部分是由于吸入毒性气体而导致的。（　）

5. 无数的火灾实例表明，火灾具有发生频率低、突发性强、破坏性大、灾害复杂等特征。（　）

6. 消防工作是政府履行社会管理和公共服务职能的重要内容，各级人民政府必须加强对消防工作的领导，这是贯彻落实科学发展观、建设社会主义和谐社会的基本要求。（　）

7. 燃烧是指可燃物与氧化剂作用发生的放热反应，通常伴有火焰、发光和（或）冒烟现象。（　）

8. 有焰燃烧的发生需要 4 个必要条件，即可燃物、氧化剂、温度和受抑制的链式反应。（　）

9. 固体的火灾危险性大小一般用易燃点来衡量。（　）

10. 按爆炸过程的性质，通常将爆炸分为物理爆炸、化学爆炸和生物爆炸 3 种。（　）

11. 消防隔热服属于常规的防护装备。（　）

12. 根据室内火灾的平均温度—时间曲线特点，可将火灾的发展变化分为火灾的初起阶段、轰燃阶段、全面发展阶段、熄灭阶段。（　）

13. 防火分区的划分不需要考虑人员的疏散及火灾扑救。（　）

14. A 类丙级防火门耐火完整性和耐火隔热性都不小于 1.0 h。（　）

15. 防烟分区是指以屋顶挡烟隔板、挡烟垂壁或从顶棚下突出不小于 50 mm 的梁为

界，从地板到屋顶或吊顶之间的规定空间。（　　）

16. 在火灾自动报警系统中，自动或手动产生火灾报警信号的器件称为触发器件。（　　）

17. 火灾探测器属于火灾自动报警系统的报警装置。（　　）

18. 消防控制设备能自动或手动启动相关消防设备，并显示其状态。（　　）

19. 集中报警系统的功能比区域报警系统的功能简单。（　　）

20. 消防控制室能显示火灾自动报警系统所监控消防设备的火灾报警、故障、联动反馈等工作状态信息。（　　）

21. 消防联动控制器应能将消防系统及设备的状态信息传输到消防控制室图形显示装置。（　　）

22. 消防用水量较小的低层民用建筑的消火栓给水系统可设计为生活、消防合用消火栓给水系统。（　　）

23. 室内高压消防给水系统，指无论有无火警系统经常能保证最不利点灭火设备处有足够高的水压，火灾时不需要再开启消防水泵加压。（　　）

24. 干式自动灭火系统的报警阀后充满有压气体，管道内有气而无水因而是开式系统。（　　）

25. 战备等级可以分为经常性战备、二级战备、一级战备、特级战备 4 个等级。（　　）

26.《中华人民共和国消防法》（新修订）于 2009 年 5 月 1 日正式实施。（　　）

27. 坚持救人第一，就是在火场上始终坚持先救人后灭火。（　　）

28. 接警出动是灭火战斗的第一个环节或阶段，包括受理火警、调度力量和灭火出动 3 项工作任务。（　　）

29. 灭火内攻行动是指灭火小组采取有效的安全防护措施，抓住灭火进攻的有利时机，正确运用灭火基本技术和战术方法，突破烟、热封锁，深入火场内部实施强攻近战的作战行动。（　　）

30. 直接供水，是指消防车利用车载水直接铺设水带干线出水枪灭火。（　　）

31. 在火情侦察中，中队级侦察小组由 4 人的攻坚小组组成。（　　）

32. 建筑火灾是最常见的火灾，据历年火灾统计，建筑火灾次数占火灾总数的 80%以上。（　　）

33. 工业厂房的爆炸一般都是物理爆炸。（　　）

34. 人员密集场所建筑一般耐火等级都比较高，若火势长时间得不到控制，在火焰和高温的作用下，建筑物的楼板或钢结构屋顶也不会出现倒塌。（　　）

35. 油品属于有机物质，其危险性的大小与油品的闪点、自燃点有关，闪点和自燃点越高，发生着火燃烧的危险性越大。（　）

36. 由于仓库属于物资大量集中场所，为尽量减少物资在火灾中的损失，在整个灭火救援的过程中，要先组织疏散保护物资，再组织火灾扑救。（　）

37. 消防头盔主要适用于对消防员头、颈部的保护。（　）

38. 消防员隔热防护服也用于进入火焰区与火焰接触时穿着。（　）

39. 直流开关水枪主要喷射密集柱状射流进行灭火和冷却，这种水枪冲击力大，射程远，适用于远距离扑救一般固体物质火灾。（　）

40. 消防吸水管应存放在温度、湿度适宜的地方，温度应在 0～25 ℃范围内，库房内空气湿度应为 80％。（　）

41. 正压式消防空气呼吸器主要使用在缺氧、有毒有害的气体环境中，通常为消防灭火现场、化工厂、实验室、化学有毒物质泄漏现场等，还可以在水下使用。（　）

42. 第一台水泵出水管连接在第二台水泵吸水管上，两台水泵同时运转，称为水泵的并联。（　）

43. 公安消防部队应在政府的统一领导下，充分发挥应急救援骨干力量的作用，遵循“救人第一、科学施救”的指导思想。（　）

44. 公安消防部队参加各种自然灾害的抢救工作，要在事发单位的统一指挥下，充分发挥自身装备优势，积极完成抢险救援任务。（　）

45. 公安消防部队在参与重大灾害事故应急救援中，应遵循政府领导、统一指挥，快速行动、科学处置，以人为本、救人优先，灵活指挥、因情施救，加强保障、连续作战的基本原则。（　）

46. 一级个人防护为全身防护，着封闭式防化服和全棉防静电内外衣，佩戴正压式空气呼吸器或全防型滤毒罐。（　）

47. 剧毒毒性个人防护等级为重度危险区是一级，中度危险区是二级，轻度危险区是三级。（　）

48. 微毒毒性个人防护等级为重度危险区是一级，中度危险区是二级，轻度危险区是三级。（　）

49. 发生率高、伤亡严重，连锁性强、救援难度大，祸及其他、引发次生灾害是公路交通事故的特点。（　）

50. 在公路交通事故处置中，如果无车辆着火，消防车应停在距离公路交通事故中心区域 100 m 以外的范围内，便于侦察情况和随机处置。（　）

51. 地震灾害事故的特点有瞬间发生、破坏力强、人员伤亡重、易引发次生灾害等。（　　）

52. 防静电服必须与防静电鞋配套使用，可以在易燃易爆的场所穿脱。（　　）

53. 消防防化服的整体抗水渗透性能为经 20 min 水喷淋后，无渗透现象。（　　）

54. 危险警示牌用于火灾等灾害事故现场警戒、警示，只用来标识爆炸危险性。（　　）

55. 闪电损伤（雷击）属于高压电损伤范畴。（　　）

56. 一般来说，化学品中毒急救的重要规则是采取先轻后重的原则救助人员。（　　）

57. 常用的天然气含甲烷 70%以上。（　　）

58. 马蜂窝是由纤维质、树胶及马蜂分泌的吐乳物组合而成。（　　）

59. 防蜂服是救助人员在执行摧毁蜂巢任务时为保护自身安全时穿着的防护服装。（　　）

60. 电绝缘服是救助人员在具有 5 000 V 以下高压电现场作业时穿着的用于保护自身安全的防护服。（　　）

**二、单项选择题（第 1 题～第 70 题。选择一个正确的答案，将相应的字母填入题内的括号中。每题 1 分，满分 70 分。）**

1. 社会职业道德的核心是（　　）。

A. 为人民服务　　B. 集体主义　　C. 爱国主义　　D. 遵纪守法

2. 下列不属于消防职业道德作用的是（　　）。

A. 有助于提高商品的知名度　　B. 促进企业文化建设

C. 树立正确的从业观念　　D. 确保生产和经营活动的安全

3. 爱岗敬业、忠于职守的根本目的是（　　）。

A. 遵守职业道德　　B. 创造物质和精神财富

C. 为人民服务　　D. 服务国家

4. 英勇顽强的主要内容是发扬不怕艰难困苦、不怕流血牺牲的革命精神，勤奋学习，刻苦训练，积极努力地工作；培养坚忍不拔、不折不挠的坚强意志和机智果断、赴汤蹈火的过硬作风，（　　），树立良好的职业形象。

A. 提高消防从业人员素质

B. 提高消防从业人员高度责任感

C. 提高消防从业人员竭诚奉献的精神

D. 提高消防从业人员处置突发事故的职业能力

5. 火灾是在（　　）或空间上失去控制的燃烧所造成的灾害。

A. 社会影响　　B. 舆论影响　　C. 时间　　D. 地域

6. 火灾对人体的危害主要表现为（　　）、高温、烟尘、毒性气体等4种，其中任何一种危害都能置人于死地。

A. 缺氧　　B. 富氧　　C. 兴奋　　D. 烧伤

7. 烟雾对灭火工作的不利方面表现为（　　）。

A. 影响视线　　B. 使人员中毒、窒息

C. 促使火灾发展蔓延　　D. 以上答案都正确

8. 长期消防工作实践表明，消防工作具有社会性、（　　）、经常性、技术性的特点。

A. 强迫性　　B. 行政性　　C. 机密型　　D. 唯一性

9. 所谓燃烧，是指可燃物与氧化剂作用发生的（　　）反应，通常伴有火焰、发光和（或）冒烟现象。

A. 放热　　B. 吸热　　C. 置换　　D. 物理

10. 有焰燃烧的发生需要4个必要条件，即可燃物、氧化剂、（　　）和未受抑制的链式反应。

A. 氧化反应　　B. 温度　　C. 还原反应　　D. 分解反应

11. 评价固体火灾危险性大小，主要是看该物质（　　）的高低。

A. 闪点　　B. 燃点　　C. 质量　　D. 体积

12. 根据气体爆炸极限高低，下列最危险的是（　　）。

A. 氢气（4.1%～74.2%）　　B. 乙炔（2.5%～82%）

C. 甲烷（5.3%～15%）　　D. 氨气（15.7%～27.4%）

13. 下列选项中，不属于常规的防护装备的是（　　）。

A. 消防头盔　　B. 消防员呼救器

C. 消防避火服　　D. 灭火防护服

14. 下列水枪组件中，起到改变射流形式的部位是（　　）。

A. 喷嘴　　B. 枪管　　C. 接口　　D. 稳流器

15. 轰燃的发生表示室内火灾已进入（　　）。

A. 熄灭阶段　　B. 全面发展阶段

C. 初起阶段　　D. 过渡阶段

16. 《建筑设计防火规范》将建筑的耐火等级分四级，其中（　　）级耐火性能最高。

A. 一　　B. 二　　C. 三　　D. 四

17. 防火墙应直接砌筑在（　　）上。

A. 地基　　B. 梁　　C. 楼板　　D. 屋面基层

18. 用防火卷帘代替防火墙的场所，当采用以背火面温升作耐火极限判定条件件的防火卷帘时，其耐火极限不应小于（　　）h。

A. 1.2　　B. 2　　C. 3　　D. 4

19. 每个防烟分区的建筑面积不宜超过（　　）$m^2$，且防烟分区不应跨越防火分区。

A. 200　　B. 300　　C. 400　　D. 500

20. 下列器件中，属于火灾自动报警系统触发器件的是（　　）。

A. 火灾探测器　　B. 报警控制器

C. 警铃　　D. 警笛

21. 下列器件中，属于火灾自动报警系统报警装置的是（　　）。

A. 楼层显示器　　B. 警铃

C. 手动火灾报警按钮　　D. 水流指示器

22. 下列设备中，能自动或手动启动相关消防设备，并显示其状态的是（　　）。

A. 火灾探测器　　B. 警铃

C. 消防控制设备　　D. 警笛

23. 集中报警系统是由（　　）、区域报警控制器、火灾探测器、手动火灾报警按钮、火灾警报装置等组成的火灾自动报警系统。

A. 集中报警控制器　　B. 警铃

C. 声光讯响器　　D. 警笛

24. 关于消防控制室，下列说法错误的是（　　）。

A. 能显示火灾自动报警系统所监控消防设备的火灾报警、故障、联动反馈等工作状态信息

B. 只可自动联动控制各类自动灭火系统

C. 可采用建筑消防设施平面图等图形显示各种报警信息

D. 可向火灾现场指定区域广播应急疏散信息和行动指挥信息

25. 关于消防控制室对消防联动控制的显示功能，下列说法错误的是（　　）。

A. 消防控制室能手动控制喷淋泵的启、停，并显示其手动启、停和自动启动的动作反馈信号

B. 消防控制室无须显示消防水泵电源的工作状态

C. 消防控制室能显示消防水泵的启、停状态和故障状态

D. 消防控制室能手动控制消防水泵启、停

26. 消防用水量较小的低层工业建筑的消火栓给水系统可设计为（　　）。

A. 生活、生产、消防合用消火栓给水系统

B. 生活、消防合用消火栓给水系统

C. 生产、消防合用消火栓给水系统

D. 独立的消火栓给水系统

27. 高层建筑内的消火栓给水系统应设计为（　　）。

A. 生活、生产、消防合用消火栓给水系统

B. 生活、消防合用消火栓给水系统

C. 生产、消防合用消火栓给水系统

D. 独立的消火栓给水系统

28. 干式自动喷水灭火系统适用于环境温度（　　）的场所。

A. 小于 4℃　　B. 小于 70℃

C. 小于 4℃或大于 70℃　　D. 大于 4℃

29. 下列不属于战备等级划分的是（　　）。

A. 经常性战备　B. 二级战备　C. 一级战备　D. 特级战备

30. 我国的消防法规体系由消防法律、行政法规、地方性法规、国务院规章、地方政府规章及（　　）组成。

A. 消防技术标准　　B. 国家标准

C. 地方标准　　D. 行业标准

31. 从消防法规体系上讲，下列属于消防技术标准的是（　　）。

A.《建筑防火设计规范》

B.《中华人民共和国消防法》

C.《上海市消防条例》

D.《上海市危险化学品消防安全管理办法》

32. 消防行政处罚是指（　　）依法对公民、法人和其他组织违反消防行政管理秩序的行为所给予的惩戒和制裁。

A. 公安局　　B. 工商局

C. 税务局　　D. 公安机关消防机构

33. 一般来说，灭火作战行动的首要任务是（　　）。

A. 减轻社会不良影响　　B. 积极保护财产

C. 积极抢救人命　　D. 积极疏散物资

34. 为保障灭火战斗顺利进行，根据《消防法》规定和扑救火灾的紧急需要，调动供水、供电等有关单位到场协助消防部队完成灭火、救人等各项战斗任务，有关（　　）应当组织人员、调集所需物资支援灭火。

A. 企事业单位　　B. 地方消防部门
C. 地方公安机关　　D. 地方人民政府

35. 下列不属于火情侦察方式的是（　　）。
A. 听取单位专题汇报　　B. 外部观察
C. 内部侦察　　D. 询问知情人

36. 下列情况中，无须采用串联供水的是（　　）。
A. 火场燃烧面积大，灭火用水量较大，需要长时间不间断供水时
B. 到场消防车总载水量足以扑灭初期火灾，且消防车可靠近燃烧区时
C. 需要提高普通水罐（低压泵）消防车出水口压力时
D. 水带数量充足或有利于铺设水带的情况下，水源距离火场超过 1 000 m 时

37. 下列不是高层建筑的灭火内攻方法的是（　　）。
A. 在防烟或封闭楼梯间寻找垂直供水途径，加大供水流量，再与竖管供水流量叠加，保证供水量达到能控制一个楼面燃烧面积
B. 战斗员实施内攻突破烟热封锁，在燃烧层上层设置并坚守水枪灭火阵地
C. 用直流水枪向内部房顶射水，使水流成扩散状下落，冲击积聚在室内顶部的燃烧
D. 水枪手要两人一组，并建立有饮料补给和隔热服备用的前沿指挥阵地，视情况坚守或果断撤离

38. 下列不是建筑物使用性质分类的是（　　）。
A. 工业建筑　　B. 农业建筑　　C. 军事建筑　　D. 民用建筑

39. 下列不是工业厂房的火灾特点的是（　　）。
A. 易形成立体燃烧
B. 火灾蔓延的途径多
C. 易形成大面积立体火灾
D. 爆炸危险性大，易自燃、阴燃和复燃

40. 空间大、面积大的建筑，所具有的重要特点是空气流通好、门窗洞口多，发生火灾易向上、左、右蔓延，且速度很快，易形成大面积的（　　）。
A. 轰然燃烧　　B. 扩散燃烧　　C. 立体燃烧　　D. 爆燃燃烧

41. 人员密集场所发生火灾时，火场供水要本着就近取水的原则，先内后外、先近后远，（　　）。
A. 先接力供水、后直接供水、再运水供水
B. 先接力供水、后运水供水、再直接供水

C. 先直接供水、后接力供水、再运水供水

D. 先直接供水、后运水供水、再接力供水

42. 下列不是石油化工火灾危害性特征的是（　　）。

A. 容易形成立体燃烧　　B. 容易形成大面积燃烧

C. 具有复燃、复爆性　　D. 人员疏散困难

43. 消防头盔比抢险救援头盔性能多出的一个功能是（　　）。

A. 能防电击　　B. 能防冲击　　C. 能防侧压　　D. 能防辐射热

44. 消防员隔热防护服应储存在（　　）的仓库中。

A. 潮湿　　B. 阴暗　　C. 低温　　D. 干燥

45. 直流开花水枪的开花主要功能是（　　）。

A. 灭火　　B. 冲击　　C. 隔离热辐射　　D. 稀释

46. 二节拉梯展开后与地面的夹角在（　　）左右。

A. 45°　　B. 65°　　C. 75°　　D. 90°

47. 开启呼救器电源，计时电路开始工作，在静止状态（　　）s 内，振动传感器一旦受到振动，计时电路回至初始状态重新开始计时。

A. 10　　B. 20　　C. 30　　D. 40

48. 防火卷帘门的分类按安装形式有墙侧式和（　　）。

A. 墙中式　　B. 洞外式　　C. 上卷式　　D. 下卷式

49. 易燃、可燃液体初起火灾扑救，要根据其燃烧时的状态来确定简易灭火器材，当液体燃烧时局限在容器内时应使用（　　）。

A. 黄沙　　B. 水泥　　C. 钢板　　D. 石灰粉

50. 公安消防部队应在政府的统一领导下，充分发挥应急救援骨干力量的作用，遵循（　　）的指导思想。

A. 救人第一、科学施救　　B. 首先抢救和保护国家财产

C. 以固为主、固移结合　　D. 预防为主、防消结合

51. 公安消防部队参加各种自然灾害的抢救工作，要在（　　）的统一指挥下，充分发挥自身装备的优势，积极完成抢险救援任务。

A. 当地政府和上级领导机关　　B. 当地政府和事发单位

C. 有关部门和有关领导　　D. 事发单位

52. 下列（　　）不是公安消防部队在参与重大灾害事故应急救援时遵循的基本原则。

A. 以防为主、以消为辅　　B. 快速行动、科学处置

C. 以人为本、救人优先　　D. 灵活指挥、因情施救

53. 一级个人防护为全身防护，着（　　）和全棉防静电内外衣，佩戴正压式空气呼吸器或全防型滤毒罐。

A. 内置式重型防化服　　B. 封闭式防化服

C. 简易防化服　　D. 战斗服

54. 三级个人防护为呼吸防护，着（　　）和战斗服，佩戴简易滤毒罐、面罩或口罩、毛巾等防护器材。

A. 简易防化服　　B. 内置式重型防化服

C. 避火服　　D. 隔热服

55. 中毒毒性个人防护等级为（　　）。

A. 重度危险区是一级　　B. 中度危险区是一级

C. 重度危险区是二级　　D. 轻度危险区是三级

56. 微毒毒性个人防护等级为（　　）。

A. 中度危险区是二级　　B. 中度危险区是一级

C. 重度危险区是三级　　D. 轻度危险区是三级

57. 轻危区只能消防人员进入，半径为（　　）m。

A. 150　　B. 160　　C. 170　　D. 180

58. 下列选项中，（　　）不是公路交通事故的特点。

A. 救援难度小　　B. 发生率高、伤亡严重

C. 连锁性强　　D. 祸及其他、引发次生灾害

59. 在公路交通事故处置中，如果无车辆着火，消防车应停在距离公路交通事故中心区域（　　）m 以外的范围内，便于侦察情况和随机处置。

A. 50　　B. 100　　C. 150　　D. 200

60. 在地震灾害事故处置中，下列表述错误的是（　　）。

A. 所有救援人员必须要加强安全防护意识，佩戴防护装具，正确操作使用器材装备，为了救援需要，个人应独自行动

B. 消防车辆出动时，选择救援道路要以主干道为主

C. 在救援初期和被埋压人员仍有生还可能时，不得直接使用大型铲车等机械、设备清理现场

D. 加强卫生防疫工作，严防灾后疫情在部队的感染和传播

61. 消防防化服的整体抗水渗透性能为经（　　）min 水喷淋后，无渗透现象。

A. 20　　B. 30　　C. 40　　D. 60

62. 下列关于防静电服的使用与维护表述中错误的是（　　）。

A. 防静电服必须与防静电鞋配套使用，不允许在易燃易爆的场所穿脱

B. 穿着时，先穿上衣，然后穿好裤子，再把帽子、手套、脚套全部依次穿戴好

C. 穿用一段时间后，应对防静电服进行防静电性能检验，不符合要求的防静电服不允许继续使用

D. 防静电服应用清水洗涤

63. 下列标志中（　　）不属于危险警示牌。

A. 禁止掉头　B. 有毒　C. 易燃　D. 泄漏

64. 电击伤的主要原因有单相触电、（　　）触电、弧光触电、泄漏电流触电、跨步电压触电等。

A. 两相电　B. 三相电　C. 交流电　D. 直流电

65. 下列不是危险化学品中毒事故类型的为（　　）。

A. 吸入中毒事故　B. 接触中毒事故

C. 误食中毒事故　D. 以上均不是

66. 一氧化碳中毒的程度可分为三度：轻度、中度和（　　）血碳氧血红蛋白。

A. 一度　B. 二度　C. 重度　D. 高度

67. 心脏骤停的，最好是在（　　）min 内立即进行心肺复苏。

A. 2　B. 4　C. 8　D. 10

68. 马蜂蜇伤严重程度与马蜂的体形和生存时间长短有关，（　　）的马蜂，其毒性也就越大。

A. 体形越小、生存时间越短　B. 体形越大、生存时间越长

C. 体形越大、生存时间越短　D. 体形越小、生存时间越长

69. 电对人体的危害主要有电流伤和（　　）。

A. 电灼伤　B. 触电伤　C. 热灼伤　D. 电烧伤

70. 轻型安全绳最小破断强度不小于（　　）kN。

A. 10　B. 20　C. 30　D. 40

# 模拟试题二

**一、判断题（第1题～第60题。将判断结果填入括号中，正确的填“√”，错误的填“×”。每题0.5分，满分30分。）**

1. 社会主义职业道德的核心是集体主义。（ ）

2. 消防工作的职业要求就是要在火灾等突发事故发生时，最大限度地减少灾害所带来的危害，保护国家和集体的财产，这也是消防工作的主要任务。（ ）

3. 凡是失去控制并造成了人身和（或）财产损害的燃烧现象，均可称为火灾。（ ）

4. 建筑结构因火灾发生倒塌破坏的后果是十分严重的，除造成较大的物质损失和人员伤亡外，还会造成火灾进一步蔓延扩大，影响灭火救援工作的开展。（ ）

5. 火灾绝对不发生是不可能的，但火灾危害是可以通过人类积极的行为而减少的。（ ）

6. 《消防法》所确立的消防工作的原则为政府统一领导、部门依法监管、单位全面负责、公民积极参与。（ ）

7. 光和热是燃烧反应的实质，游离基的连锁反应是燃烧过程中的物理现象。（ ）

8. 燃烧有许多种类型，主要是闪燃、着火、自燃和爆炸等。（ ）

9. 一切液体的闪点总是高于其燃点。（ ）

10. 可燃气体爆炸极限范围越大，下限越低，火灾危险越小。（ ）

11. 水罐消防车固定水泵系统泵管路由进水管路、出水管路、放余水阀、冷却水管路等组成。（ ）

12. 根据室内火灾的平均温度—时间曲线的特点，可将火灾的发展变化分为火灾的初起阶段、全面发展阶段和熄灭阶段。（ ）

13. 《建筑设计防火规范》将建筑的耐火等级分为一、二、三级，一级耐火性能最高，三级最低。（ ）

14. 防火窗是指在一定时间内，连同框架能满足耐火稳定性和耐火完整性要求的窗。（ ）

15. 设置防烟分区时，如果面积过大，会使烟气波及烟气面积扩大，增加受灾面，不利于安全疏散和扑救，因此防烟分区面积越小越好。（　）

16. 火灾自动报警系统的触发器件主要是警铃。（　）

17. 手动火灾报警按钮属于火灾自动报警系统的警报装置。（　）

18. 区域报警系统中，区域火灾报警控制器或火灾报警控制器不应超过 3 台。（　）

19. 建（构）筑物中消防水泵的操作信号不需要反馈到消防控制室。（　）

20. 消防控制室通常设置在建筑物的首层或地上二层。（　）

21. 建筑物室内消火栓给水系统由消防给水基础设施、消防给水管网、室内消火栓设备、报警控制设备及系统附件等组成。（　）

22. 湿式自动喷水灭火系统处于准工作状态时，管道内充满压力水。（　）

23. 雨淋系统对于火势发展迅猛、蔓延迅速的火灾无效，原因是开放速度慢。（　）

24. 水喷雾灭火系统属于预作用灭火系统。（　）

25. 公安消防队在保卫任务繁重的重大节日、重大活动、恶劣气候时所处的战斗准备状态为一级战备。（　）

26.《上海市消防条例》属于地方性法规。（　）

27. 不同火灾的发展蔓延具有其独特的规律，指挥员必须掌握规律，科学施救。

（　）

28. 灭火出动是指企事业专职消防队接到出动信号后，执勤灭火救援人员迅速着装登车，乘消防车驶往火场的过程。（　）

29. 火场警戒的目的在于控制人员、车辆进入复杂灾害事故的现场，减少现场突变可能对人员造成的伤害，以及火场混乱给灭火救援工作带来的不利影响。（　）

30. 串联供水的形式有两种，即接力供水和耦合供水。（　）

31. 火场上需要疏散和保护物资时，采取相同的疏散方法以最快速度转移物资。

（　）

32. 砖木结构建筑这类结构房屋层数较低，一般不超过 3 层。（　）

33. 各单位应制订事故应急预案，落实消防安全责任制，定期组织应急救援能力的培训和演练，使员工了解和掌握在发生火灾时的应急措施和扑救初期火灾的方法，提高员工在事故应急救援过程中实际处置能力。（　）

34. 综合建筑的综合使用，使火灾危险性增大，一处失火殃及多处，给扑救工作带来困难。（　）

35. 冷库目前主要使用氨或氟里昂作制冷剂。（　）

36. 某些矿物油油罐火灾在燃烧一定时间后，会出现火焰突然增高、热辐射增强，随

即发生大量燃烧液体溢出甚至喷出油罐的“沸溢喷溅”现象。（ ）

37. 抢险救援头盔，主要考虑防止坠落物的冲击和穿透、防电击、防侧向挤压、防热辐射等性能要求。（ ）

38. 消防员抢险救援防护服是消防员在进行抢险救援作业时穿着的专用防护服，能够对其除头部、手部、踝部和脚部之外的躯干、颈部、手臂、手腕和腿部提供保护。（ ）

39. 消防湿水带在一定的工作压力下，周身能均匀渗水湿润，在火场起到保护作用。（ ）

40. 正压式消防空气呼吸器使用过程中要随时注意报警器发出的报警信号，当听到报警声响时应立即撤离现场。（ ）

41. 灭火毯是一种经过特殊处理的塑料纤维斜纹织物。（ ）

42. 消防电梯的载质量不宜小于 800 kg。（ ）

43. 公安消防部队应在政府的统一领导下，充分发挥应急救援骨干力量的作用，遵循“先控制、后消灭”的指导思想。（ ）

44. 参与处置突发事件时，消防部门一定要经当地人民政府和上级领导机关批准，接到当地人民政府和上级的命令，明确受领任务后再出动。（ ）

45. 进入有毒、有害事故现场进行侦检的人员，在没有弄清楚泄漏物质的名称和性质前，必须进行高等级个人防护。（ ）

46. 三级个人防护为呼吸防护，着简易防化服和战斗服，佩戴简易滤毒罐、面罩或口罩、毛巾等防护器材。（ ）

47. 中毒毒性个人防护等级为重度危险区是一级，中度危险区是二级，轻度危险区是二级。（ ）

48. 中危区允许穿戴一定的防护装备、支援重危区的人员进入，半径为 100 m。（ ）

50. 发生率高、伤亡严重，祸及其他、引发次生灾害是公路交通事故的特点。（ ）

51. 公路交通事故后援消防车辆到场后，应停靠在距离中心区域 200 m 以外的地方。（ ）

52. 地震救援时，在救援初期和被埋压人员仍有生还可能时，不得直接使用大型铲车、吊车、推土机等机械、设备清理现场。（ ）

53. 消防防化服的整体抗水渗透性能为经 60 min 水喷淋后，无渗透现象。（ ）

54. 为防止开裂，抢险救援服应储存在温暖、潮湿的仓库中。（ ）

55. 电对人体的伤害可概括为电流本身及电能转换为热效应所造成的伤害。（ ）

56. 化学品中毒急救一般可静脉补液及给予利尿剂，加速排尿。（ ）

57. 硫化氢是黄绿色，臭鸡蛋味，易挥发，燃烧时可产生蓝色火焰的一种气体。

（　　）

58. 马蜂对人攻击后把蜇刺留在被攻击对象的体内。（　　）

59. 安全绳按设计负载可分为轻型安全绳与通用型安全绳。（　　）

60. 心肺复苏的比例是30：1。（　　）

**二、单项选择题（第1题～第70题。选择一个正确的答案，将相应的字母填入题内的括号中。每题1分，满分70分。）**

1.《公民道德建设实施纲要》关于从业人员职业道德规范的描述是（　　）。

A. 爱国守法、公平公正、团结友善、勤俭自强、敬业奉献

B. 艰苦奋斗、诚实守信、团结协作、服务周到、遵纪守法

C. 爱岗敬业、遵纪守法、明礼诚信、服务群众、奉献社会

D. 爱岗敬业、诚实守信、办事公道、服务群众、奉献社会

2. 消防行业职业道德规范在消防行业中确定统一的职业守则，其中不是其最终目的的是（　　）。

A. 确保生命财产安全　　B. 维护正常的生产经营活动

C. 确保巨大经济收益　　D. 确保单位安全

3. 下列不属于培养爱岗敬业、忠于职守精神的是（　　）。

A. 培养对工作的兴趣　　B. 培养学习精神

C. 培养不怕吃苦精神　　D. 不怕吃亏的精神

4.（　　）是消防官兵的最高精神境界。

A. 服务人民　　B. 英勇顽强　　C. 竭诚奉献　　D. 不怕牺牲

5. 在火灾条件下，建筑物由于受到（　　）作用，往往会发生局部破坏或整体倒塌。

A. 热传导　　B. 热辐射　　C. 热对流　　D. 以上答案均正确

6. 火灾是在时间或（　　）上失去控制的燃烧所造成的灾害。

A. 社会影响　　B. 舆论影响　　C. 空间　　D. 地域

7. 消防工作的主要目的是：预防火灾和减少火灾危害，（　　），保护人身财产安全，维护公共安全。

A. 普及消防知识　　B. 造福社会

C. 加强应急救援工作　　D. 提升消防意识

8.《消防法》第二条规定，我国的消防工作应当坚持（　　）的原则。

A. 公安部门主管

B. 消防机构主管

C. 单位自主管理

D. 政府统一领导、部门依法监督、单位全面负责、公民积极参与

9. 所谓燃烧，是指可燃物与氧化剂作用发生的放热反应，通常伴有（　　）、发光和（或）冒烟现象。

A. 火焰　　B. 爆炸　　C. 轰燃　　D. 回火

10. 下列选项中，不是燃烧的类型之一的是（　　）。

A. 阴燃　　B. 闪燃　　C. 自燃　　D. 着火

11. 黄磷的自燃属于（　　）。

A. 氧化自燃　　B. 发酵自燃　　C. 吸附自燃　　D. 分解自燃

12. 下列物质发生火灾，属于D类火灾的是（　　）火灾。

A. 金属钠　　B. 煤气　　C. 汽油　　D. 木材

13. 下列选项中，不属于常规的防护装备的是（　　）。

A. 消防员呼救器　　B. 灭火防护服

C. 重型防化服　　D. 消防腰斧

14. 下列选项中，属于绝缘工具的是（　　）。

A. 绝缘棒　　B. 危险警示牌

C. 警示指挥用具　　D. 救生抛投器

15. （　　）火灾持续的时间，对建筑物内人员的安全疏散，重要物资的抢救以及火灾扑救，具有重要意义。

A. 初起阶段　　B. 熄灭阶段

C. 过渡阶段　　D. 全面发展阶段

16. 高层建筑，设有自动灭火系统的防火分区，其允许最大建筑面积可增加（　　）倍。

A. 1　　B. 2　　C. 3　　D. 4

17. 卷帘两侧设独立的闭式自动喷水系统保护时，喷头距卷帘的垂直距离宜为（　　）m。

A. 0.5　　B. 1　　C. 2　　D. 2.5

18. 建筑物安全出口的设置基本原则是应分散布置且在一般情况下不应少于（　　）个。

A. 1　　B. 2　　C. 3　　D. 4

19. 高层民用建筑的消防车道宽度不应小于（　　）m。

A. 3　　B. 4　　C. 6　　D. 8

20. 下列器件中，属于火灾自动报警系统报警装置的是（　　）。

A. 火灾探测器　　B. 报警控制器

C. 警铃　　D. 手动火灾报警按钮

21. 下列器件中，属于火灾自动报警系统警报装置的是（　　）。

A. 声光讯响器　　B. 报警控制器

C. 消防电源　　D. 消防图形显示装置

22. 下列关于区域报警系统的表述中，错误的是（　　）。

A. 区域报警系统适用于保护对象范围不大的场所

B. 区域报警系统适用于对系统功能要求比较简单的场所

C. 区域报警系统的联动功能相对较多

D. 区域报警系统适用于保护部位较少的场所

23. 下列设备中的控制装置不应设在消防控制室的是（　　）。

A. 自动喷水灭火系统的控制装置

B. 二氧化碳灭火系统的控制装置

C. 员工休息室

D. 泡沫灭火系统的控制装置

24. 下列关于消防控制室的说法错误的是（　　）。

A. 利用消防控制室的监控设施，无法进行火情侦察

B. 设有火灾自动报警系统和自动喷水灭火系统的建筑发生火灾，指挥员通过向消防控制室值班人员了解火灾探测器首先报警的部位及其他部位报警的顺序，能够基本确定最先发生火灾的部位和火灾蔓延的方向

C. 了解自动喷水灭火系统中水流指示器的报警情况，可以确定火灾发生的具体楼层或防火分区

D. 通过观察各消防设施的功能显示，可掌握安全疏散指令的发布情况

25. 消防水箱应储存（　　）min 的室内消防用水量。

A. 5　　B. 10　　C. 30　　D. 60

26. 下列关于湿式自动喷水灭火系统的表述中，错误的是（　　）。

A. 湿式报警阀前后管道内均充满压力水

B. 湿式自动喷水灭火系统具有自动跟踪火源的优点

C. 湿式自动喷水灭火系统适用于环境温度大于 4℃和小于 70℃的场所

D. 湿式喷水灭火系统最不利点处喷头的工作压力不应小于 0.1 MPa

27. 下列不属于应采用雨淋系统的场所的是（　　）。

A. 火灾的水平蔓延速度快、闭式喷头的开放不能及时使喷水有效覆盖着火区域

B. 室内净空高度超过闭式系统最大允许净空高度，且必须迅速扑救初期火灾

C. 替代干式系统

D. 严重危险级Ⅱ级

28. 下列选项中，不是水喷雾灭火系统的灭火原理的是（　　）。

A. 冷却　B. 抑制　C. 窒息　D. 乳化

29. 日常战备执勤属于（　　）。

A. 经常性战备　B. 二级战备　C. 一级战备　D. 特级战备

30. 消防中队每天、大队每月、支队每季度至少对所属部队进行一次战备检查，重大节日、重大活动或遇特殊情况时，必须组织检查，是属于（　　）制度。

A. 战备教育制度　B. 战备值班制度

C. 战备检查制度　D. 装备管理制度

31. 从法规体系上讲，《机关、团体、企业、事业单位消防安全管理规定》属于（　　）。

A. 消防法律　B. 行政法规　C. 国务院规章　D. 地方性法规

32. 消防行政处罚是指（　　）依法对公民、法人和其他组织违反消防行政管理秩序的行为所给予的惩戒和制裁。

A. 公安局　B. 法院

C. 检察院　D. 公安机关消防机构

33. 下列不属于指挥员在灭火作战指挥中应增强的科学施救意识的是（　　）。

A. 增强作战方法的保守意识

B. 增强科学进攻、及时转移或撤退的指挥意识

C. 增强优化作战成果的效益意识

D. 增强科学的防范风险意识

34. 消防队执勤人员听到出动信号，首车驶离车库时间一般不得超过（　　）。

A. 30 s　B. 45 s　C. 1 min　D. 1.5 min

35. 下列不属于实施火场警戒的条件是（　　）。

A. 有大量人员围观　B. 需要疏散大量被困人员

C. 火势不能迅速有效控制　D. 电力公司未到场

36. 下列不属于外攻路线的是（　　）。

A. 室外楼梯　B. 相邻建筑平台

C. 在建工程的脚手架　D. 电梯井

37. 冷却保护物资时不能使用（　　）方法实施冷却保护。

A. 喷淋系统　B. 直流水　C. 水幕　D. 泡沫

38. 高层民用建筑是指（　　）的居住建筑（包括首层设置商业服务网点的住宅），以及建筑高度超过 24 m 的公共建筑。

A. 7 层及 7 层以上　B. 8 层及 8 层以上

C. 10 层及 10 层以上　D. 15 层及 15 层以上

39. 扑救厂房火灾时，实施侦察，其成员应不少于（　　）人。

A. 2　B. 3　C. 4　D. 5

40. 扑救人员密集场所火灾，首要任务是（　　）。

A. 阻截火势蔓延　B. 人员的疏散和搜救

C. 召集应援力量　D. 防止建筑物倒塌

41. 下列不是气体储罐的火灾危险性的是（　　）。

A. 泄漏引起事故　B. 景点引起的事故

C. 混入空气引起爆炸　D. 压力下运行危险性大

42. 下列选项中，（　　）是日用百货仓库火灾扑救时，进行火情侦察主要了解的内容之一。

A. 有无贵重物品　B. 有无保险箱

C. 有无电梯　D. 有无被困人员及其所在位置

43. 消防头盔与抢险救援头盔维护保养可用（　　）进行清洗。

A. 汽油　B. 清洗液　C. 醋　D. 酒精

44. 消防员抢险救援防护服在运输中应避免与（　　）、酸、碱等易燃、易爆物品或化学药品混装。

A. 酒精　B. 油　C. 水　D. 冰

45. 下列不是消防水带衬里材料的是（　　）。

A. 橡胶　B. 乳胶　C. 聚氨酯　D. 聚氯乙烯

46. 二节拉梯的工作高度是（　　）m。

A. 3　B. 4　C. 5　D. 6

47. 正压式消防空气呼吸器其使用温度为（　　）。

A. −10～60℃　B. −20～50℃

C. −30～60℃　D. −40～70℃

48. 灭火毯的灭火原理是（　　）。

A. 隔离燃烧物　B. 隔绝空气

C. 化学抑制　D. 降低温度

49. 高层建筑火灾进攻路线选择，应坚持以“（　　）”的原则。

A. 疏散楼梯间为主、消防电梯为次、其他途径为辅

B. 消防电梯为主、其他途径为次、疏散楼梯间为辅

C. 疏散楼梯间为主、其他途径为次、消防电梯为辅

D. 消防电梯为主、疏散楼梯间为次、其他途径为辅

50. 公安消防部队应在政府的统一领导下，充分发挥应急救援骨干力量的作用，遵循（　　）的指导思想。

A. 救人第一、科学施救　　B. 先控制、后消灭

C. 赴汤蹈火、追求卓越　　D. 以防为主、以消为辅

51. 参与处置突发事件时，消防部门一定要经（　　）批准，接到命令，明确受领任务后再出动。

A. 当地人民政府和上级领导机关　　B. 当地人民政府和事发单位

C. 事发单位和上级领导机关　　D. 事发单位

52. 进入有毒、有害事故现场进行侦检和设立警戒区的人员，在没有弄清楚泄漏物质的名称和性质前，必须进行（　　）个人防护。

A. 高等级　　B. 中等级　　C. 低等级　　D. 简单

53. 着简易防化服和战斗服，佩戴简易滤毒罐、面罩或口罩、毛巾等防护器材，属于（　　）级个人防护为全身防护。

A. 一　　B. 二　　C. 三　　D. 四

54. 高毒毒性个人防护等级为（　　）。

A. 中度危险区是一级　　B. 中度危险区是二级

C. 重度危险区是二级　　D. 轻度危险区是三级

55. 重危区只允许有防护准备的人员进入，半径为（　　）m。

A. 50　　B. 60　　C. 70　　D. 80

56. 事故现场有易燃易爆气体扩散时，消防车要选择（　　）的适当位置停靠，使用上风方向的水源。

A. 上风方向或侧上风方向　　B. 下风方向

C. 侧下风方向　　D. 下风方向或侧下风方向

57. 下列选项中，（　　）不是抢险救援的基本要求。

A. 固移结合、以固为主　　B. 发挥优势、攻坚克难

C. 加强协调、联动作战　　D. 注意防护、确保安全

58. 下列选项中，（　　）不是公路交通事故的特点。

A. 连锁性低、救援方便　　B. 发生率高、伤亡严重

C. 救援难度大　　D. 祸及其他、引发次生灾害

59. 公路交通事故后援消防车辆到场后，应停靠在距离中心区域（　　）m 以外的地方。

A. 200　　B. 250　　C. 300　　D. 350

60. 在地震灾害事故处置中，下列表述错误的是（　　）。

A. 所有救援人员必须要加强安全防护意识，佩戴防护装具，正确操作使用器材装备，为了救援需要，个人应独自行动

B. 要正确选择指挥部和消防车辆停放的位置，远离建（构）筑物和树木，防止发生意外事故

C. 随时与气象、地震部门保持联系，获取最新信息

D. 救援行动中，要注意防止建筑物二次垮塌和火灾、水灾、危险化学品泄漏等次生灾害的发生

61. 消防防化服的整体抗水渗透性能为经（　　）min 水喷淋后，无渗透现象。

A. 20　　B. 30　　C. 50　　D. 60

62. 抢险救援服应储存在干燥、通风的仓库中，储存和使用期不宜超过（　　）年。

A. 3　　B. 4　　C. 5　　D. 6

63. 下列标志中，（　　）不属于危险警示牌。

A. 禁止停车　　B. 有毒　　C. 危险　　D. 爆炸

64. （　　）不是电击伤后出现的症状。

A. 窒息　　B. 骨折　　C. 内脏破裂　　D. 以上均不是

65. 发生化学品中毒时，对于可能引起化学性烧伤或能经皮肤吸收中毒的毒物更要充分冲洗，时间一般不少于（　　）min，并考虑选择适当中和剂中和处理。

A. 10　　B. 20　　C. 30　　D. 40

66. 液化石油气的主要成分为（　　）、丙烯、丁烷、丁烯，组成液化石油气的全体碳氢化合物均有较强的麻醉作用。

A. 甲烷　　B. 乙烯　　C. 丙烷　　D. 丙酮

67. 成人平均能忍受马蜂（　　）次蜇刺，而儿童被蜇刺 500 次即可当场死亡。

A. 1 000　　B. 800　　C. 700　　D. 600

68. 电绝缘服是救助人员在具有（　　）V 以下高压电现场作业时穿着的用于保护自身安全的防护服。

A. 5 000　　B. 6 000　　C. 7 000　　D. 8 000

69. 救生软梯适用于（　　）层以下楼宇、非明火环境下、在突发事故发生时救援或逃生。

A. 7　　B. 10　　C. 15　　D. 20

70. 未经使用的缓降器，其本体内的润滑脂（　　）需要更换一次。

A. 每年　　B. 每两年　　C. 每三年　　D. 每四年

# 模拟试题三

**一、判断题（第 1 题～第 60 题。将判断结果填入括号中，正确的填“√”，错误的填“×”。每题 0.5 分，满分 30 分。）**

1. 团结协作是指在人与人之间的关系中，为了实现个人的利益和目的，互相帮助、互相支持、团结协作、共同发展，它是中华民族的传统美德。（　　）

2. 职业道德是一种实践化的道德，不同历史时期，有不同的道德标准。（　　）

3. 火对人类具有利与害的两重性，人类自从掌握了用火的技术以来，火为人类服务的同时，却又屡屡危害成灾。（　　）

4. 烟雾具有遮光性，给疏散和灭火工作带来很大困难。（　　）

5. 消防工作贯彻“以消为主、以防为辅”的方针。（　　）

6. 在火灾条件下，建筑物由于燃烧和高温作用，往往会发生局部破坏或整体倒塌。（　　）

7. 可燃物、助燃物（氧化剂）、点火源是燃烧的基本条件。（　　）

8. 闪点是指易燃或可燃气体表面产生闪燃的最低温度。（　　）

9. 爆炸是指物质由一种状态迅速地转变成另一种状态，并在瞬间以机械功的形式释放出巨大的能量，或是气体、蒸气在瞬间发生的剧烈膨胀等现象。（　　）

10. 消防部门将火灾分为特别重大火灾、重大火灾、较大火灾和一般火灾四个等级。（　　）

11. 消防头盔属于特种防护装备。（　　）

12. 建筑材料高温下的性能直接影响着建筑物的火灾危险性大小，以及发生火灾后火势蔓延扩大的速度。（　　）

13. 特殊情况下，防火墙也可选用难燃烧体。（　　）

14. 设在疏散通道和消防电梯前室的防火卷帘，应具有在降落时有短时间停滞以及能从两侧手动控制的功能。（　　）

15. 建筑物安全出口的设置基本原则是应分散布置且在一般情况下不应少于 2 个，使人员能够双向疏散。（　　）

16. 在火灾自动报警系统中，自动或手动产生火灾报警信号的器件称为警报装置。（　）

17. 为确保安全，火灾自动报警系统的主电源应采用漏电保护开关保护。（　）

18. 集中报警系统的功能比区域报警系统的功能复杂。（　）

19. 建筑物中各种消防设备的操作信号应能够及时反馈到消防控制室。（　）

20. 利用消防控制室的监控设施，可以进行火情侦察。（　）

21. 建筑物室内消火栓给水系统的组成设施设备中，报警控制设备可用来启动消防水泵。（　）

22. 湿式自动喷水灭火系统处于准工作状态时，管道内不充水。（　）

23. 雨淋系统的特点是发现火警后，可以瞬时像下雨般地喷出大量的水覆盖或隔离整个保护区。（　）

24. 细水雾灭火系统可以有效扑灭一般的A类燃烧物火灾。（　）

25. 战备等级可以分为经常性战备、二级战备、一级战备三个等级。（　）

26. 制定《劳动法》的目的在于国家通过法律来调整劳动关系以及与劳动关系密切联系的关系，以保护劳动者的合法权益，确立、维护和发展用人单位与劳动者之间稳定、和谐的劳动关系，从而促进经济发展和社会进步。（　）

27. 集中兵力，是指不考虑火情和灭火作战的需要，调集所有的灭火力量，在火场上形成相对的兵力优势。（　）

28. 安全防护主要是指灭火救援人员在火灾现场为预防和避免人员伤亡而采取的安全防范措施。（　）

29. 组织火场救人时，应组织精干的救人小组，救人小组的人数应根据火场需要确定，一般不少于3人。（　）

30. 对于难以疏散且又必须保证安全的物资，应灵活利用现场条件，采取有效措施予以保护。（　）

31. 战斗结束，是灭火战斗行动的最后一个环节，包括检查、移交现场、清点人员、装备和恢复战备等内容。（　）

32. 火势在建筑物内的蔓延，主要表现为垂直蔓延和水平蔓延。（　）

33. 容纳30人以上就餐、住宿的旅馆、宾馆、饭店和营业性餐馆是人员密集型场所。（　）

34. 人员密集场所发生火灾时，要求人员在6～10 min内疏散出去，否则会有生命危险。（　）

35. 仓库一般都采用大跨度结构，一旦发生火灾后，在火焰作用下结构承载能力减

弱，使库房和隔板出现倒塌现象。（　　）

36. 扑救公路交通火灾要坚持救人第一的指导思想，采取重点保护、防止爆炸、积极救人、快速灭火等措施。（　　）

37. 消防员灭火防护服适用于消防员在森林火灾灭火救援时穿着。（　　）

38. 消防员呼救器具有良好的防水、防爆、阻燃以及抗冲击性能。（　　）

39. 抗静电消防水带具备耐压高、质量轻、耐寒性、耐热性优异、使用方便等特点，同时，又具备了抗静电的能力。（　　）

40. 消防梯的安全使用角度为70°～76°，最佳使用角度为75.5°。（　　）

41. 消防员抢险救援防护服还可以在消防员进行灭火作业时，或处置放射性物质、生物物质及危险化学物品作业时穿着。（　　）

42. 灭火器的压把、阀体等不得有损伤、变形、锈蚀等影响使用的缺陷，否则必须更换。（　　）

43. 自然灾害的特点是破坏能量大、波及范围广、持续时间长、造成人员伤亡和物资财产损失一般都比较严重。（　　）

44. 参与处置突发事件时，消防部门一定要经当地人民政府、上级领导机关批准，并在事发单位的同意下再出动。（　　）

45. 进入易燃、易爆泄漏事故现场进行侦检和设立警戒区的人员，在没有弄清楚泄漏物质的名称和性质前，可以进行低等级个人防护。（　　）

46. 三级个人防护为全身防护，着简易防化服和战斗服，佩戴简易滤毒罐、面罩或口罩、毛巾等防护器材。（　　）

47. 低毒毒性个人防护等级为重度危险区是二级，中度危险区是三级，轻度危险区是三级。（　　）

48. 重危区只允许有防护准备的人员进入，半径为50 m。（　　）

49. 汽车事故发生的最初20 min，被国际上称为“白金20 min”，如果这20 min处理得好，交通事故死亡率就大大降低。（　　）

50. 公路交通事故后援消防车辆到场后，应停靠在距离中心区域400 m以外的地方。（　　）

51. 参加地震灾害事故的抢险救援，消防部队指挥员以及相关人员应参加当地政府地震抢险救援总指挥部，制订抢险救援方案，掌握灾情状况，接受任务并组织实施。（　　）

52. 抢险救援手套是消防员在抢险救援作业时用于对手和腕部提供防护的专用防护手套。（　　）

53. 消防防化服可以与火焰及溶化物直接接触。（　　）

54. 危险警示牌用于火灾等灾害事故现场警戒、警示，分为有毒、易燃、泄漏、爆炸、危险等 5 种标志。（　　）

55. 在电击伤事故现场，若无法及时找到或断开电源时，可用干燥的竹竿、木棒等绝缘物挑开电线。（　　）

56. 凡是含碳的物质如煤、木材等在燃烧时都可产生一氧化碳。（　　）

57. 液化石油气中毒后有头晕、乏力、恶心、呕吐，并有四肢麻木及手套袜筒形的感觉障碍，接触高浓度时可使人昏迷。（　　）

58. 心脏骤停也是循环骤停，是指各种原因引起的心脏突然停搏，为意外性非预期死亡，也称猝死。（　　）

59. 马蜂体内含有神经性或血液性毒素。（　　）

60. 穿着电绝缘服必须另配耐电等级相同或高于电绝缘服的电绝缘手套和电绝缘鞋。（　　）

**二、单项选择题（第 1 题～第 70 题。选择一个正确的答案，将相应的字母填入题内的括号中。每题 1 分，满分 70 分。）**

1. 下列不是职业道德鲜明的职业特点的是（　　）。

A. 反映阶级道德　　B. 职业的道德习惯
C. 实践化道德传统　　D. 职业的道德传统

2.《消防官兵职业道德规范》是政治坚定、服务人民、爱岗敬业、（　　）、秉公执法、清正廉洁、尊干爱兵、文明守纪。

A. 不屈不挠　　B. 英勇顽强　　C. 不怕牺牲　　D. 不怕困难

3. 每年的消防日是（　　）。

A. 11 月 19 日　　B. 1 月 19 日
C. 10 月 19 日　　D. 11 月 9 日

4.（　　）是消防事业发展的客观需要，是消防职业道德准则的要求。

A. 责任感　　B. 团结　　C. 不怕牺牲　　D. 互相协作

5. 下列选项中，说法正确的是（　　）。

A. 火对人类具有利与害的两重性　　B. 火对人类有百利而无一害
C. 火对人类有百害而无一利　　D. 以上都不正确

6. 下列因素中，对灭火工作不利的是（　　）。

A. 在一定条件下，烟雾对燃烧有阻燃作用
B. 根据烟雾的不同颜色和气味可以判断燃烧产物
C. 高温烟雾引起人员烫伤

D. 根据烟雾的流动方向可以判断火势蔓延方向

7. 长期消防工作实践表明，消防工作具有（　　）、行政性、经常性、技术性的特点。

A. 机密性　　B. 单一性　　C. 独立性　　D. 社会性

8. 政府、部门、（　　）、公民四者都是消防工作的主体，任何一方都非常重要。

A. 公司　　B. 企业　　C. 单位　　D. 组织

9. 下列选项中，（　　）是燃烧的基本条件之一。

A. 链式反应　　B. 氧化反应　　C. 助燃物　　D. 分解反应

10. 根据闪点高低划分，下列液体中火灾危险性最大的是（　　）。

A. 汽油（−50℃）　　B. 酒精（13℃）

C. 煤油（38℃～74℃）　　D. 丙酮（−18℃）

11. 灭火器因放置在室外太阳底下暴晒而爆炸，属于（　　）。

A. 物理爆炸　　B. 化学爆炸　　C. 粉尘爆炸　　D. 核爆炸

12. 下列选项中，属于重大火灾的是（　　）。

A. 1 000 万元以下直接财产损失

B. 1 000 万元以上 5 000 万元以下直接财产损失

C. 1 亿元以上直接财产损失

D. 5 000 万元以上 1 亿元以下直接财产损失

13. 水罐消防车固定水泵系统泵管路由进水管路、（　　）、放余水阀、冷却水管路等组成。

A. 出水管路　　B. 集水器　　C. 滤水器　　D. 分水器

14. 下列选项中，不属于消防洗消类器材的是（　　）。

A. 医疗急救箱　　B. 洗消剂

C. 洗消站　　D. 单人洗消帐篷

15. 按建筑材料燃烧性能分级，其中 A 级材料代表（　　）。

A. 不燃材料　　B. 难燃材料　　C. 可燃材料　　D. 易燃材料

16. 防烟分区是指以屋顶挡烟隔板、挡烟垂壁或从顶棚向下突出不小于（　　）mm 的梁为界，从地板到屋顶或吊顶之间的规定空间。

A. 100　　B. 250　　C. 500　　D. 1 000

17. 当高层建筑内设有（　　）时，设有该设备的防火分区的面积可以增加 1 倍。

A. 自动报警设备　　B. 自动灭火设备

C. 消火栓和灭火器　　D. 防排烟设备

18. 防火门应为向疏散方向开启（设防火门的空调机房、库房、客房门等除外）的（　　），并在关闭后应能从任何一侧手动开启。

A. 平开门　　B. 推拉门　　C. 下滑门　　D. 旋转门

19. 建筑物安全出口的设置基本原则是应（　　）且在一般情况下不应少于2个。

A. 分散布置　　B. 集中布置　　C. 居中布置　　D. 随机布置

20. 下列器件中，属于火灾自动报警系统触发器件的是（　　）。

A. 火灾探测器　　B. 声、光报警装置

C. 警铃　　D. 警笛

21. 下列关于火灾自动报警系统主电源要求的表述中，正确的是（　　）。

A. 主电源应使用电源插座

B. 主电源应采用消防电源

C. 主电源应采用漏电保护开关保护

D. 主电源应接在220 V的交流电源上

22. 集中报警系统，宜用于（　　）保护对象。

A. 特级　　B. 一级　　C. 二级　　D. 一级和二级

23. 关于消防控制室，下列说法错误的是（　　）。

A. 能显示火灾自动报警系统所监控消防设备的火灾报警、故障、联动反馈等工作状态信息

B. 能手动、自动联动控制各类自动灭火、防排烟控制系统等人员疏散、灭火系统

C. 无法采用建筑消防设施平面图等图形显示各种报警信息和传输报警信息

D. 可向火灾现场指定区域广播应急疏散信息和行动指挥信息

24. 关于消防控制室，下列说法错误的是（　　）。

A. 利用消防控制室的监控设施，可以进行火情侦察

B. 设有火灾自动报警系统和自动喷水灭火系统的建筑发生火灾，虽然指挥员通过向消防控制室值班人员了解火灾探测器首先报警的部位及其他部位报警的顺序，但仍不能基本确定最先发生火灾的部位和火灾蔓延的方向

C. 了解自动喷水灭火系统中水流指示器的报警情况，可以确定火灾发生的具体楼层或防火分区

D. 通过观察各消防设施的功能显示，可掌握安全疏散指令的发布情况

25. 建筑物室内消火栓给水系统的组成设施设备中，（　　）用来启动消防水泵。

A. 消防给水基础设施　　B. 消防给水管网

C. 室内消火栓设备　　D. 报警控制设备

26. 下列关于湿式自动喷水灭火系统的表述中，错误的是（　　）。

A. 湿式报警阀前后管道内均充满压力水

B. 湿式自动喷水灭火系统具有自动跟踪火源的优点

C. 湿式自动喷水灭火系统适用于环境温度大于30℃和小于70℃的场所

D. 湿式喷水灭火系统最不利点处喷头的工作压力不应小于0.05 MPa

27. 下列自动喷水灭火系统中，采用开式喷头的是（　　）。

A. 湿式系统　　B. 雨淋系统　　C. 预作用系统　　D. 干式系统

28. 下列火灾中，不宜选细水雾灭火系统的是（　　）。

A. A类火灾　　B. B类火灾

C. 金属钾火灾　　D. 电气火灾

29. 从消防法规体系上讲，下列属于消防法律的是（　　）。

A.《上海市消防条例》

B.《中华人民共和国消防法》

C.《机关、团体、企业、事业单位消防安全管理规定》

D.《危险化学品安全管理条例》

30.（　　）是指从业人员由于不服从管理，违章操作，或者强令工人违章冒险作业，或没有履行安全责任造成严重后果的违法行为。

A. 危险物品肇事罪　　B. 危害安全罪

C. 重大责任事故罪　　D. 消防责任事故罪

31. 在重大节日保卫工作期间的战备执勤属于（　　）。

A. 经常性战备　　B. 二级战备

C. 一级战备　　D. 特级战备

32. 往返途中，保证行驶安全是（　　）的职责。

A. 战斗班长　　B. 战斗员　　C. 通信员　　D. 驾驶员

33. 下列不属于灭火战术原则的是（　　）。

A. 攻防并举、固移结合　　B. 救人第一、科学施救

C. 集中兵力、准确迅速　　D. 先控制、后消灭

34. 下列不属于安全防护类型的是（　　）。

A. 火场基本安全防护　　B. 有毒有害类安全防护

C. 爆炸类安全防护　　D. 水域类灾害安全防护

35. 下列不属于火场救人的途径的是（　　）。

A. 电梯井　　B. 疏散楼梯　　C. 避难间　　D. 太平门

36. 下列不是灭火内攻行动的有利时机的是（　　）。

A. 火灾处于初起阶段，强烈的辐射和大量的燃烧产物还没有形成之时

B. 建筑物闷顶火灾，局部房屋顶燃穿，大量能量向外释放，或高层建筑火灾尚未形成层蔓延之时

C. 重质石油产品储罐火灾沸溢、喷溅之前，能量聚积还未达高峰之时

D. 重质石油产品储罐火灾沸溢、喷溅之前，能量聚积，发出强光和尖锐声时

37. 对高层、地下建筑火灾，尤其是地下建筑火灾，使用（　　）是比较有效的方法。

A. 手动排烟　　B. 机械排烟　　C. 自然排烟　　D. 人工排烟

38. （　　）是高层建筑房间着火后，产生的热气流向上升腾，遇到阻碍后向四周扩散，造成火势扩展蔓延。

A. 自然对流　　B. 烟囱效应

C. 气流中性面的作用　　D. 火势卷叠

39. 人员密集场所火灾危险性中，其中最为突出的特点是（　　）。

A. 火灾荷载大　　B. 储存危险化学品，带来火灾爆炸危险

C. 易造成群死群伤　　D. 易形成立体燃烧

40. 人员密集场所的疏散应以（　　）的顺序进行，以安全疏散到地面为主要目标。

A. 先着火上层、后以着火层、再着火下层

B. 先着火下层、后以着火层、再着火下层

C. 先着火层、后以着火上层、再着火下层

D. 先着火层、后以着火下层、再着火上层

41. 下列物品不是易燃商品的是（　　）。

A. 乒乓球　　B. 棉花　　C. 瓷砖　　D. 书报

42. 下列不是公路汽车火灾扑救措施的是（　　）。

A. 选择停车位置　　B. 合理设置警戒

C. 查明事故情况　　D. 疏散与保护物资

43. 沾污的灭火防护服可放入（　　）中擦洗。

A. 沸水　　B. 温水　　C. 泡沫液　　D. 酒精

44. 一级消防员化学防护服装储存期间，每（　　）进行全面检查一次。

A. 1个月　　B. 4个月　　C. 5个月　　D. 6个月

45. 下列不是吸水管接口的是（　　）。

A. 螺纹式接口　　B. 内扣式接口

C. 快式接口　　D. 卡式接口

46. 消防呼救器的作用是（　　）。

A. 呼叫人员营救　　B. 生命危险时发出报警

C. 提醒佩戴人员　　D. 提醒供气量

47. 消防水泵并联的目的是为了增加（　　）。

A. 扬程　　B. 供水高度　　C. 供水距离　　D. 供水量

48. 灭火器一般适用于扑救（　　）。

A. 初起阶段火灾　　B. 发展阶段的火灾

C. 猛烈阶段的火灾　　D. 熄灭阶段的火灾

49. 一般储压式灭火器内部使用的压力气体的是（　　）。

A. 氨气　　B. 氮气　　C. 二氧化碳　　D. 卤代烷气体

50. 下列选项中，不是自然灾害的特点是（　　）。

A. 破坏能量小

B. 波及范围广

C. 持续时间长

D. 造成人员伤亡和物资财产损失一般都比较严重

51. 从公安消防部队所担负的抢险救援任务来看，以下（　　）不是其特点。

A. 多样性　　B. 复杂性　　C. 艰巨性　　D. 单一性

52. 着内置式重型防化服和全棉防静电内外衣，佩戴正压式空气呼吸器或全防型滤毒罐，属于（　　）级个人防护为全身防护。

A. 一　　B. 二　　C. 三　　D. 四

53. 剧毒毒性个人防护等级为（　　）。

A. 重度危险区是一级　　B. 中度危险区是二级

C. 重度危险区是二级　　D. 轻度危险区是三级

54. 低毒毒性个人防护等级为（　　）。

A. 重度危险区是一级　　B. 中度危险区是一级

C. 重度危险区是三级　　D. 轻度危险区是三级

55. 重危区只允许有防护准备的人员进入，半径为（　　）m。

A. 50　　B. 100　　C. 150　　D. 200

56. 事故现场有易燃易爆气体扩散时，消防车要在（　　）选择进攻路线接近扩散区。

A. 扩散区上风、侧上风方向　　B. 扩散区下风方向

C. 扩散区侧下风方向　　　　D. 扩散区下风、侧下风方向

57. 下列选项中，（　　）不是抢险救援的基本要求。

A. 预防为主，防消结合　　　　B. 加强调查研究，做到心中有数

C. 有警必出，积极参与　　　　D. 发挥优势，攻坚克难

58. 汽车事故发生的最初（　　）min，被国际上称为“白金（　　）min”，如果处理得好，交通事故死亡率就大大降低。

A. 20，20　　B. 60，60　　C. 40，40　　D. 50，50

59. 危险化学品交通事故救援车辆停放过程中，应避开泄漏燃料或其他危险化学品的（　　），也不能停靠在影响救护车或其他救援车的通道上。

A. 下风方向　　　　B. 上风方向

C. 侧上风方向　　　　D. 上风和侧上风方向

60. 下列特点中，不属于地震灾害事故的特点是（　　）。

A. 受灾范围小　　　　B. 易引发次生灾害

C. 受灾范围广，社会秩序混乱　　　　D. 基础设施损坏严重，救援特别困难

61. 关于消防防化服的使用注意事项，下列表述错误的是（　　）。

A. 可以与火焰及溶化物直接接触

B. 使用前必须认真检查服装有无破损，如有破损，严禁使用

C. 使用时，必须注意头罩与面具的面罩紧密配合

D. 使用时，颈口带、胸部的大白扣必须扣紧，以保证颈部、胸部气密

62. 抢险救援服的储存和使用期不宜超过（　　）年。

A. 3　　B. 4　　C. 5　　D. 7

63. 各种破拆器材中，断线钳铁制胶把套的绝缘负荷为（　　）V。

A. 220～380　　　　B. 110～220

C. 380～1 000　　　　D. 1 000～1 500

64. 电击伤现场抢救中，不要随意移动伤员，若确需移动时，抢救中断时间不应超过（　　）s。

A. 10　　B. 20　　C. 30　　D. 40

65. 地下建筑中的气体成分、比例的改变，基本上表现为下列三个方面：（　　）；二氧化碳含量增高；其他有毒气体的产生。

A. $O_2$ 含量显著降低　　　　B. $H_2S$ 含量增高

C. CO 产生　　　　D. $SO_2$ 产生

66. 下列不是马蜂窝的成分的是（　　）。

A. 纤维质　　B. 树胶　　C. 吐乳物　　D. 夜间驱逐法

67. 每次使用后，根据脏污情况用肥皂水或 0.5%～1%的（　　）水溶液洗涤，然后用清水冲洗，放在阴凉通风处，晾干后包装。

A. 碳氢酸　　B. 碳酸钠　　C. 碳氢酸钠　　D. 盐酸

68. 缓降器额定载荷通常为（　　）kg。

A. 30～80　　B. 30～100　　C. 35～80　　D. 35～100

69. 安全绳可放入（　　）轻轻擦洗，再用清水漂洗干净，然后晾干。

A. 酸　　B. 溶剂

C. 热水　　D. 温水中用肥皂或中性洗涤液

70. 电绝缘服具有优良的耐电压性能，保质期为（　　）年。

A. 半　　B. 1　　C. 2　　D. 3

# 模拟试题四

**一、判断题（第1题～第60题。将判断结果填入括号中，正确的填“√”，错误的填“×”。每题0.5分，满分30分。）**

1. 消防行业职业道德可以起到规范职业秩序和劳动者执业行为的作用。（　　）

2. “救人第一”是指在火灾和各种灾害事故面前，保护人员与保护物资，抢救人命和抢救财产，减少人员伤亡和减少经济损失相比，人的生命是最宝贵的，是高于一切的财富。（　　）

3. 火灾对人体、疏散、建筑物倒塌、扑救等方面造成极大的危害。（　　）

4. 无数的火灾实例表明，火灾具有发生频率高、突发性强、破坏性大、灾害复杂等特征。（　　）

5. 灭火救援人员在参与灭火救援工作时，受到高温、缺氧、烟尘、毒性气体的威胁，严重妨碍作业，导致灭火工作难以有效展开。（　　）

6. 长期消防工作实践表明，消防工作具有社会性、行政性、经常性、技术性的特点。（　　）

7. 一般来说，固体比较容易燃烧，其次是液体，最后是气体。（　　）

8. 某居民火灾导致3人死亡，直接经济损失10万元，该起火灾属于一般火灾。（　　）

9. 粉尘爆炸过程属于物理爆炸。（　　）

10. 闪点是判断可燃液体火灾危险性大小的主要依据，液体的闪点越低，危险性越小。（　　）

11. 消防枪炮主要包括直流水枪、多功能水枪、移动水炮、移动泡沫炮等。（　　）

12. 消防侦检类器材主要有有毒气体探测仪、音频生命探测仪、雷达生命探测仪、视频生命探测仪、热成像仪、可燃气体检测仪等。（　　）

13. 对于建筑装修、装饰材料，在考虑其防火性能时，主要侧重于力学性能。（　　）

14. 建筑物安全出口的设置基本原则是应集中布置。（　　）

15. 防火卷帘是一种固定的防火分隔物。（　　）

16. 防火墙上一般不应开设门、窗、孔洞。 ( )

17. 手动火灾报警按钮属于火灾自动报警系统的触发器件。 ( )

18. 火灾自动报警系统的主电源应接在 220 V 民用交流电源上。 ( )

19. 控制中心报警系统适用于保护部位多，对系统功能要求复杂，联动功能多，需集中管理的群体建筑及高层建筑。 ( )

20. 消防控制室应保证专人 24 h 值班。 ( )

21. 按建筑物高度分类，消火栓给水系统分为低层建筑消火栓给水系统、高层建筑消火栓给水系统和超高层建筑消火栓给水系统 3 种。 ( )

22. 干式自动喷水灭火系统处于准工作状态时，管道内充满压力水。 ( )

23. 水幕系统起到防止火灾蔓延的作用，而不是直接用于灭火。 ( )

24. 细水雾灭火系统可以有效扑灭纸张、木材和纺织品的深位火灾和塑料泡沫、橡胶等危险固体火灾。 ( )

25. 公安消防队在重大灾情发生或即将发生，或者遇有重大消防执勤任务时的准备状态为二级战备。 ( )

26. 根据制定部门不同，消防规章可分为国务院部委规章及地方政府规章两大类。

( )

27. 在灭火战术方法中，堵截只是单纯的被动防御的基本战法。 ( )

28. 灭火战斗中，灭火救援人员实施破拆的主要目的只是为了控制火势发展。( )

29. 救人一定要放在首位，灭火次之。 ( )

30. 在使用消防电梯时，停靠位置必须是着火楼层。 ( )

31. 火灾现场虽然具有复杂性和突变性，但所采取的安全防护措施是相对固定的。

( )

32. 中小型地下建筑发生火灾，在风流速度不大时，火势迎着风流蔓延，蔓延方向与风流方向相同。 ( )

33. 人员密集场所与人们的衣、食、住、行紧密相连，发生重大火灾，造成巨大损失后，其政治影响和后果远远高于经济的损失。 ( )

34. 人员密集场所发生火灾时，侦察小组，每组 2～3 人根据所掌握的情况迅速搜寻被困人员。 ( )

35. 没有被压缩、包覆的处于松散状态的纤维状物料，与空气接触的表面积比捆装纤维包大，不容易被点燃。 ( )

36. 公路汽车运输事故发生后，很可能对周围环境及交通等产生重大影响，对救援队伍的到达产生阻碍，同时也给必要的人员疏散增加了难度。 ( )

37. 消防员灭火防护服使用后应及时检查，发现破损，应报废，及时更换。（　）

38. 直流水枪是喷射充实密集水射流的消防水枪，包括直流开关水枪和开花水枪等。（　）

39. 消防呼救器可以在水下使用。（　）

40. 在两个防火分区之间没有防火墙的不可以设置防火卷帘。（　）

41. 手抬机动消防泵也作为城建、邮电工程上的良好的抽排水机具。（　）

42. 灭火毯特别适用于家庭和饭店的厨房、宾馆、娱乐场所、加油站等一些容易着火的场所。（　）

43. 自然灾害的特点是破坏能量大、波及范围小、持续时间短、造成人员伤亡和物资财产损失一般都比较严重。（　）

44. 从公安消防部队所担负的抢险救援任务来看，消防工作主要具有多样性、复杂性、艰巨性的特点。（　）

45. 一级个人防护为全身防护，着内置式重型防化服和全棉防静电内外衣，佩戴简易面具。（　）

46. 高毒毒性个人防护等级为重度危险区是一级，中度危险区是二级，轻度危险区是三级。（　）

47. 重危区只允许有防护准备的人员进入，半径为 60 m。（　）

48. 事故现场有易燃易爆气体或有毒有害物质扩散时，消防车要在扩散区下风、侧下风方向选择进攻路线接近扩散区。（　）

49. 危险化学品交通事故救援车辆停放过程中，应避开泄漏燃料或其他危险化学品的上风方向。（　）

50. 汽车事故发生的最初 30 分钟，被国际上称为“白金 30 分钟”，如果这 30 分钟处理得好，交通事故死亡率就大大降低。（　）

51. 地震灾害事故的特点有受灾范围广，社会秩序混乱；基础设施损坏严重，救援特别困难等。（　）

52. 抢险救援手套适合在灭火作业时使用，也可用于化学等危险场所。（　）

53. 消防防化服使用前必须认真检查服装有无破损，如有破损，严禁使用。（　）

54. 消防员在火场和救援现场，在戴好绝缘手套的情况下，切断电线，以切断电源。（　）

55. 离地面越远、通风越差，加上其中的储藏物发生腐烂或火灾时，其空气的变化不大，不易发生窒息事故。（　）

56. 人工呼吸通常是指口对口呼吸法。（　）

57. 闪电损伤（雷击）属于高压电损伤范畴。（　　）

58. 救生软梯是一种用于营救和撤离被困人员的移动式梯子，是进行救生脱险的有效工具。（　　）

59. 猝死是指心脏骤停。（　　）

60. 救生器摩擦轮毂内严禁注油，以免摩擦块打滑而造成滑降人员坠落伤亡事故。（　　）

**二、单项选择题（第 1 题～第 70 题。选择一个正确的答案，将相应的字母填入题内的括号中。每题 1 分，满分 70 分。）**

1.（　　）不是职业道德所具有的特征。

A. 连续性　B. 群众性　C. 稳定性　D. 实践性

2. 消防职业道德应遵循的职业道德规范可参照（　　）公安部消防局制定并颁发的《消防官兵职业道德规范》。

A. 1999 年 12 月　B. 2000 年 12 月

C. 2001 年 12 月　D. 2002 年 12 月

3. 公安消防部队在灭火救援中要坚持“救人第一，（　　）”的指导思想。

A. 快速反应　B. 科学施救　C. 调集力量　D. 集中兵力

4. 团结协作，是正确处理从业人员之间和（　　）之间关系的重要道德规范。

A. 个人　B. 团体　C. 集体　D. 国家

5. 下列选项中，说法正确的是（　　）。

A. 火对人类具有利与害的两重性

B. 火灾对人体、疏散、建筑物倒塌、扑救等方面造成极大的危害

C. 人类自从掌握了用火的技术以来，火灾为人类服务的同时，却又屡屡危害成灾

D. 以上均正确

6. 下列选项中，（　　）不是火灾的特征。

A. 发生频率高　B. 突发性弱　C. 破坏性大　D. 灾害复杂

7.《消防法》第三条规定，（　　）领导全国的消防工作。

A. 公安部　B. 人民政府　C. 国务院　D. 中央军委

8. 消防工作的主要目的是：（　　），加强应急救援工作，保护人身财产安全，维护公共安全。

A. 造福社会　B. 预防火灾和减少火灾危害

C. 普及消防知识　D. 提升消防意识

9. 一氧化碳中毒的主要症状有（　　）。

A. 头痛　　　　B. 虚脱

C. 神志不清　　　　D. 以上三者都是

10. 在火灾条件下，建筑物由于（　　）作用，往往会发生局部破坏或整体倒塌。

A. 燃烧和高温　　B. 风力　　C. 回火　　D. 水流

11. 下列选项中，哪个不是火灾的特征（　　）。

A. 发生频率高　　B. 突发性强　　C. 破坏性小　　D. 灾害复杂

12. 消防工作的方针是（　　）。

A. 政府统一领导、部门依法监管　　B. 预防为主，防消结合

C. 单位全面负责、公民积极参与　　D. 以防为辅、以消为主

13. 下列选项中，属于防侦检类器材的是（　　）。

A. 危险警示牌　　B. 雷达生命探测仪

C. 消防安全钩　　D. 消防腰斧

14. 按建筑材料燃烧性能分级，其中C级材料代表（　　）。

A. 不燃材料　　B. 难燃材料　　C. 可燃材料　　D. 易燃材料

15. 民用建筑防火墙的耐火极限为（　　）h。

A. 1.2　　B. 2　　C. 3　　D. 4

16. 耐火隔热性不低于1.5 h的防火窗为（　　）。

A. 甲级防火窗　　B. 乙级防火窗　　C. 丙级防火窗　　D. 不存在

17. 以下关于设置防烟分区的目的的描述中不正确的是（　　）。

A. 有利于人员安全疏散　　B. 控制火势蔓延

C. 减小火灾损失　　D. 增强建筑物承重能力

18. 下列器件中，属于火灾自动报警系统触发器件的是（　　）。

A. 火灾显示盘　　B. 报警控制器

C. 手动火灾报警按钮　　D. 警笛

19. 下列关于火灾自动报警系统主电源要求的表述中，错误的是（　　）。

A. 主电源严禁使用电源插座

B. 主电源应采用消防电源

C. 主电源不应采用漏电保护开关保护

D. 主电源应接在220 V的交流电源上

20. 区域报警系统中，区域火灾报警控制器或火灾报警控制器不应超过（　　）台。

A. 1　　B. 2　　C. 3　　D. 4

21. 控制中心报警系统宜用于（　　）保护对象。

A. 特级　　B. 一级　　C. 二级　　D. 特级和一级

22. 根据规定，消防控制室值班人员每班不应少于（　　）人。

A. 1　　B. 2　　C. 3　　D. 4

23. 采用高压消防给水系统时，水枪的充实水柱不应小于（　　）m。

A. 8　　B. 10　　C. 13　　D. 15

24. 消防用水量较小的（　　）的消火栓给水系统可设计为生产、消防合用消火栓给水系统。

A. 低层工业建筑　　B. 低层民用建筑

C. 高层民用建筑　　D. 超高层建筑

25. 下列自动喷水灭火系统中，不属于闭式系统的是（　　）。

A. 湿式系统　　B. 干式系统

C. 预作用系统　　D. 水喷雾系统

26. 干式自动喷水灭火系统的最不利喷头的工作压力为（　　）MPa。

A. 0.02　　B. 0.07　　C. 0.05　　D. 0.04

27. 在国家发布戒严令时的战备执勤属于（　　）。

A. 经常性战备　　B. 二级战备　　C. 一级战备　　D. 特级战备

28. 下列不属于灭火装备的是（　　）。

A. 消防车　　B. 灭火器

C. 灭火机器人　　D. 新型化学灭火剂

29.《消防法》第六十条规定，损坏、挪用或者擅自拆除、停用消防设施、器材的，责令改正，对单位处五千以上五万元以下罚款，个人有上述行为的，对个人处警告或者（　　）罚款。

A. 1 000 元以下　　B. 500 元以下

C. 100 元以下　　D. 50 元以下

30.《劳动法》中所指的职业培训又称为职业技能开发或职业教育，它包括为了培养和提高人们从事各种职业所需要的（　　）而进行的教育和训练工作。

A. 技术业务知识　　B. 实际操作技能

C. 社会经验　　D. 技术业务知识和实际操作技能

31. 下列选项中，属于消防输转类器材的是（　　）。

A. 手动泵　　B. 输转泵　　C. 机动泵　　D. 浮艇泵

32. 下列选项中，属于消防洗消类器材的是（　　）。

A. 吸附垫　　B. 洗消站　　C. 医疗急救箱　　D. 密封桶

33. 关于集中兵力于火场主要方面，下列表述错误的是（　　）。

A. 火场上有人受到火势严重威胁时，抢救人命是火场的主要方面

B. 当火场上有贵重的仪器设备、技术资料、图书档案等受到火势威胁，有可能造成重大经济损失和严重政治影响时，保护和疏散贵重物资和重要资料是火场的主要方面

C. 当火场内的压力容器已经发生爆炸，且连续不断，控制爆炸是火场的主要方面

D. 火场上有人受到火势严重威胁时，扑灭火灾是火场的主要方面

34. 安全防护是直接关系到灭火救援人员生命安全的重要环节，必须按照安全防护要求，加强组织指挥，遵守行动规则，（　　），落实防护措施。

A. 规范防护检查　　B. 安全防护落实责任到人

C. 规范防护操作　　D. 规范安全防护器材

35. （　　）是安全疏散设施不具有的。

A. 疏散逃生功能　　B. 避险功能

C. 组织进攻功能　　D. 娱乐功能

36. 下列不属于疏散物资方法的是（　　）。

A. 地下疏散　　B. 应急疏散　　C. 管道疏散　　D. 安全绳疏散

37. 下列不属于排烟的主要方法的是（　　）。

A. 机械排烟　　B. 自然排烟　　C. 水雾排烟　　D. 人工排烟

38. 下列中，不是火灾中造成建筑结构破坏，甚至倒塌的主要原因的是（　　）。

A. 高温作用　　B. 附加荷载作用

C. 腐蚀作用　　D. 应力关系作用

39. 下列不属于人员密集场所的是（　　）。

A. 商场　　B. 酒店　　C. 浴室　　D. 公园

40. 人员密集场所发生火灾时，通过询问知情人，可以了解被困人员的数量、性别、年龄、所处位置、（　　）、搜寻通道、查找途径等相关情况。

A. 内部结构　　B. 消防设施情况

C. 生存情况　　D. 被困状况

41. 钢结构失去平衡稳定性的临界温度为（　　）℃。

A. 300　　B. 500　　C. 800　　D. 1 000

42. 下列不是石油化工火灾爆炸危险性特点的是（　　）。

A. 连续性　　B. 隐蔽性　　C. 系统性　　D. 突发性

43. 灭火防护服在正常保管条件下可以储存（　　）年。

A. 1　　B. 2　　C. 3　　D. 4

44. 消防员抢险救援防护服应储存在干燥、通风的仓库中，储存和使用期不宜超过（　　）年。

A. 1　　B. 2　　C. 3　　D. 4

45. 直流开关水枪主要喷射密集柱状射流，这种水枪冲击力大，射程远，适用于远距离扑救（　　）。

A. A类火灾　　B. B类火灾

C. C类火灾　　D. E类火灾

46. 从露天水源取水时，滤水器距水面的深度至少应有（　　）cm，防止在水面上形成漩涡，吸进空气，但不要触及水底，防止泥沙吸进水泵。

A. 10～20　　B. 20～30　　C. 30～40　　D. 40～50

47. 正压式消防空气呼吸器使用较少时，应在橡胶件上涂上（　　），以延长呼吸器的使用寿命。

A. 石灰粉　　B. 干燥粉　　C. 滑石粉　　D. 碱石灰

48. 下列不属于消防水泵分类的是（　　）。

A. 消防车消防水泵　　B. 固定消防水泵

C. 消防艇水泵　　D. 移动消防水泵

49. 二氧化碳灭火器采用（　　）方法检查。

A. 气密性　　B. 测压力　　C. 称重　　D. 水浸

50. 下列选项中，不是自然灾害的特点是（　　）。

A. 持续时间短

B. 波及范围广

C. 破坏能量大

D. 造成人员伤亡和物资财产损失一般都比较严重

51. 从公安消防部队所担负的抢险救援任务来看，以下（　　）不是其特点。

A. 多样性　　B. 复杂性　　C. 艰巨性　　D. 简单性

52. 着封闭式防化服和全棉防静电内外衣，佩戴正压式空气呼吸器或全防型滤毒罐，属于（　　）级个人防护为全身防护。

A. 一　　B. 二　　C. 三　　D. 四

53. 中毒毒性个人防护等级为（　　）。

A. 中度危险区是二级　　B. 中度危险区是一级

C. 重度危险区是二级　　D. 轻度危险区是三级

54. 中危区允许穿戴一定的防护装备、支援重危区的人员进入，半径为（　　）m。

A. 80　　B. 90　　C. 100　　D. 110

55. 轻危区只能消防人员进入，半径为（　　）m。

A. 150　　B. 200　　C. 250　　D. 300

56. 下列设备中，一般不用于洗消的是（　　）。

A. 干粉消防车　　B. 民用喷雾器

C. 消防水罐车　　D. 环卫洒水车

57. 事故现场有有毒有害物质扩散时，消防车要在（　　）选择进攻路线接近扩散区。

A. 扩散区上风、侧上风方向　　B. 扩散区四周

C. 扩散区侧下风方向　　D. 扩散区上风、侧下风方向

58. 汽车事故发生的最初（　　）min，被国际上称为“白金（　　）min”，如果处理得好，交通事故死亡率就大大降低。

A. 10，10　　B. 15，15　　C. 20，20　　D. 30，30

59. 危险化学品交通事故救援车辆停放过程中，应避开泄漏燃料或其他危险化学品的（　　），也不能停靠在影响救护车或其他救援车的通道上。

A. 下风方向　　B. 上风方向

C. 侧上风方向　　D. 上风和侧下风方向

60. 下列特点中，不属于地震灾害事故的特点是（　　）。

A. 不会引发次生灾害　　B. 瞬间发生，破坏力强，人员伤亡重

C. 易引发次生灾害　　D. 受灾范围广，社会秩序混乱

61. 关于消防防化服的使用注意事项，下列表述错误的是（　　）。

A. 不得与火焰及溶化物直接接触

B. 使用前必须认真检查服装有无破损，如有破损，严禁使用

C. 使用时，必须注意头罩与面具的面罩紧密配合

D. 使用时，腰带必须放松，以减少运动时的“风箱效应”

62. 关于消防耐高温手套，下列表述错误的是（　　）。

A. 抢险救援手套为五指分离，允许有袖筒

B. 抢险救援手套是消防员在扑灭火灾时用于对手和腕部提供防护的专用防护手套

C. 抢险救援手套不可用于化学、生物、电气以及电磁、核辐射等危险场所

D. 手套应具有一定的防水性，在水中无渗漏

63. 各种破拆器材中，断线钳铁制胶把套的绝缘负荷为（　　）V。

A. 220～380　　B. 110～220　　C. 110～230　　D. 110～250

64. 如果暴露在 980 mg/m$^3$～1 260 mg/m$^3$ 的硫化氢浓度下只需（　　）min，患者即陷入昏迷，随之呼吸麻痹死亡。

A. 5　　B. 10　　C. 15　　D. 20

65. 下列不是电击伤的主要原因有（　　）。

A. 两相电　　B. 单相触电　　C. 弧光触电　　D. 直流电

66. 撑顶器的手动泵低压时，泵的输出流量（　　）。

A. 大　　B. 小　　C. 自定　　D. 看情况

67. 下列安全吊带按其结构形式不是一类的是（　　）。

A. 坐式安全吊带　　B. 胸式安全吊带

C. 全身式安全吊带　　D. 手持式上升器

68. 使用次数满（　　）次，要将缓降器拆卸检查，清洁及更换润滑脂。

A. 30　　B. 40　　C. 50　　D. 60

69. 在《2007 国际心肺复苏（CPR）与心血管急救（ECC）指南》中，建议对所有年龄（新生儿除外）的患者实施单人急救时，单次（一般的）按压/通气比例为（　　）。

A. 15∶2　　B. 15∶1　　C. 30∶1　　D. 30∶2

70. 消防安全带正常使用寿命为（　　）年。

A. 2　　B. 3　　C. 4　　D. 5